제주도,
무작정
오지 마라

제주도, 무작정 오지 마라

제주도에 살고 싶은 사람들을 위한 40가지 이야기

지은이 | 오동명
펴낸이 | 김성실
기획편집 | 이소영 · 박성훈 · 김하현 · 김성은 · 김선미
마케팅 | 곽흥규 · 김남숙
인쇄 · 제본 | 한영문화사

초판 1쇄 | 2014년 4월 21일 펴냄

펴낸곳 | 시대의창
출판등록 | 제10-1756호(1999. 5. 11.)
주소 | 121-816 서울시 마포구 연희로 19-1 4층
전화 | 편집부 (02) 335-6125, 영업부 (02) 335-6121
팩스 | (02) 325-5607
이메일 | sidaebooks@daum.net

ISBN 978-89-5940-288-5 (03980)

이 도서의 국립중앙도서관 출판시도서목록(CIP)은
서지정보유통지원시스템 홈페이지(http://seoji.nl.go.kr)와
국가자료공동목록시스템(http://www.nl.go.kr/kolisnet)에서 이용하실 수 있습니다.
(CIP제어번호: CIP2014007951)

제주도,
무작정
오지 마라

**제주도에 살고 싶은
사람들을 위한 40가지 이야기**

오동명 쓰고, 그리고, 찍다

시대의창

완벽한 사람은 온 세상이 낯설다

"자신의 고향을 달콤하다고 생각하는 사람들은 아직도 심약한 초심
자이리라. 또 어디를 가도 고향이라고 생각하는 사람은 이미 강건한
사람이다. 그러나 완벽한 사람은 온 세상을 낯선 것처럼 느끼는 사람
이리라."

— 생 빅토르의 후고

《디다스칼리콘》 중에서

'이곳에서 한번 살아보고 싶다'는 마음으로 제주도에 온 지 벌써 3
년이 넘어가고 있습니다. 제 뜻과는 전혀 상관없이 태어난 서울에
서 계속 그대로 살았더라면 그 3년은 어땠을까? 이렇게 서울살이

와 비교해보는 건 그야말로 너무나 다른 환경으로 '떠나왔기' 때문입니다.

어느 누가 스스로 선택하고 결정하여 이 세상에 나왔을까요? 이 나라, 이 민족, 이 땅, 부모 형제…… 이들은 내 의지나 의사와는 전혀 상관없이 결정되었지만 엄청난 결속으로 나를 평생 묶어두는 것들입니다. 또한 제 삶을 결정하는 주요 요인이 되는 것도 사실입니다. 우리 삶은 우리 스스로 결정할 수 없는 것으로 이미 결정된다 해도 과언이 아닙니다. 우리의 의지와는 별개로 삶은 그 출발점에서부터 갈린다는 게 틀린 말은 아닌 듯합니다. 어찌 보면 불평등이 삶의 시작인 셈입니다. 쉰 살 넘게 살아오면서 제 의지의 한계에 거듭 부닥치다 보니 안타깝지만 '삶은 이미 태어나면서 결정된다'는 결정론의 정리가 더욱 공고해집니다.

그러나 40대 초반 그나마 누려온 기득권을 스스로 내던지면서 제 삶은 사뭇 달라졌습니다. 그 전까지의 삶이 제 의지와 무관한 태생적 조건과의 타협의 시간이었다면, 현재의 삶은 태생적 조건을 거부하고 자유의지로 제 삶을 제가 결정하는, 그리하여 제 삶을 제가 온전히 책임지는 쟁취의 시간입니다. 이러한 삶은 우선 지리적 조건을 거스르는 것으로부터 시작되었습니다. 태어난 곳을 벗어나는 것은 바로 그 전까지 가지고 있는 거의 모든 것을 포기하는 일이기도 합니다. 포기는 결코 체념이 아닙니다. 오히려 포기는 용기에 가깝습니다. 포기할 줄 알아야 선택할 수 있습니다. 그리고 이 선택은 더 많은 것에 대한 포기를 수반합니다. 포기는 가장 지혜로운 선택의 출발이지만 한편으로는 가장 지혜롭지 못한 후회의 종착이 되기도 합니다.

제주도로 온 지난 3년 동안 '정말 잘 왔다'와 '너무 성급했어' 사이를 얼마나 오락가락했는지 모릅니다. 육지의 지인들이 제주도에 사는 제가 부럽다며 "나도 제주도에서 살고 싶다!"고 한입으로 말할 때마다 "제주도는 순전히 3박 4일용 여행지일 뿐!"이라고 고개를 가로저었습니다. 그러고선 이내 "그래도 우리나라에 이만한 곳이 또 없을걸!" 하며 제주의 삶을 동경하는 그들을 헷갈리게 만들었습니다.

정말 좋지만 정말 힘들기도 한 제주도의 삶. 저만 이런 느낌을 갖는 게 아닙니다. 제주도 이주 1, 2년차 사람들이 대개 이렇게 느낍니다. 그래서 그즈음 제주도를 떠나는 이들이 무척 많습니다. 떠나고 싶어도 저질러놓은 일 때문에 이도 저도 못 하고 묶여 사는 이들도 부지기수입니다. 사실 그보다 오랜 기간 제주도에 거주해온 이들 역시 별반 다르지 않을 것입니다. 그럼에도 제주도의 무엇이 이토록 우리를 잡아끄는 것일까요?

우리는 유혹과 현혹을 구별해야 합니다. 유혹은 당하되 현혹되지는 말아야 합니다. 3년 전의 저와 같은 처지에 있는 사람들을 위해 제주도에 와서 직접 경험한 이야기, 주변에서 듣고 본 이야기를 솔직하게 들려주고자 마음먹었을 때 제일 처음 한 다짐이 사람들을 '현혹시키지 말자'는 것이었습니다. 사랑하는 사람에게 진심을 담아 말하듯이 독자 한 분 한 분에게 거짓 없는 마음으로 저와 제가 만난 분들의 이야기를 풀어내려 합니다. 제주도를 삶의 전환점으로 삼고자 하는 분들의 귀를 솔깃하게 하기보다는 진솔한 마음으로 한 문장 한 문장을 썼습니다. 마주앉은 이에게 이야기를 하듯.

제 솔직한 이야기는 이렇게 시작합니다.
"제주도, 무작정 오지 마세요!"

차례

아름다운 구속의 섬, 제주도를 위해

그곳에 섬이 있다

'부모 형제, 친구, 일거리 등등 네 모든 것이 있는 서울을 놔두고 왜 제주도까지 오게 되었니?'

스스로에게 묻습니다. 딱히 대답할 말이 떠오르지 않아 "산이 거기 있으니까"라고 한 영국의 등반가 조지 맬러리처럼 한참 멋을 부려 '섬이 그곳에 있으니까' 하면서 트럭 같은 제 차를 바라봅니다. 아무 데서나 짐칸에 드러누워 밤하늘을 바라보자며 강원도에 살 때 구입한 '심신 치유용' 자동차. 하지만 사놓고 한 번도 그 목적대로 써먹지 못한 비운의 자동차. 그런데 제주도를 한 바퀴 둘러보고는 여기에 이 차가 적격이다 싶었고 제주도 초원에서의 밤하늘을 상상하며 제주도로의 이주를 결심했습니다.

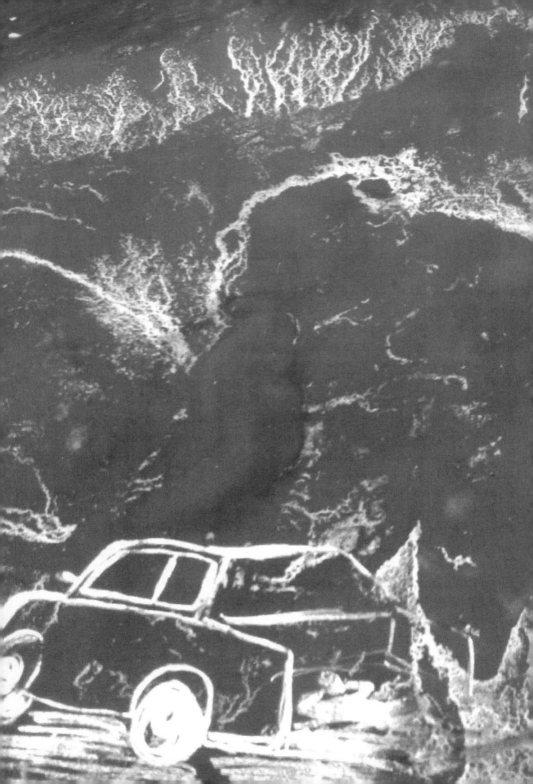

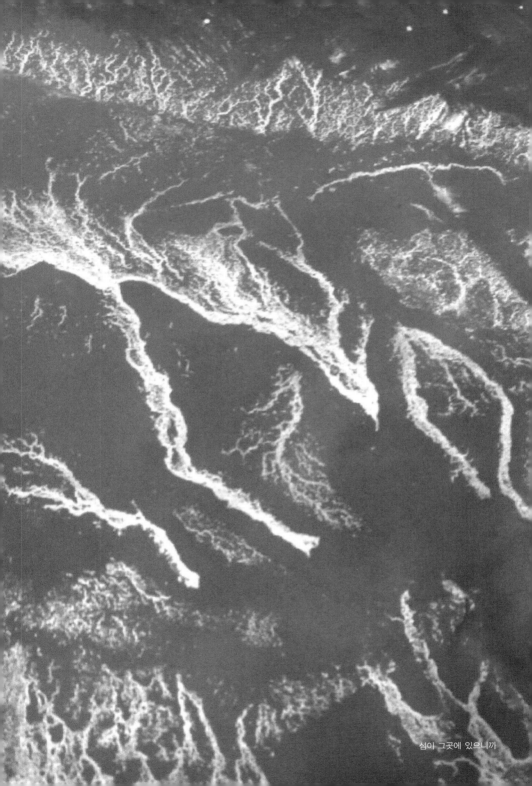

섬이 그곳에 있으니까

하지만 감상은 대체로 막연해서 실속을 챙겨주지 못하나 봅니다. 꼭 한 번 그 목적대로 차를 몰고 나왔던 날, 엄청 불어대는 바람이 제 소박한 소망을 한순간에 날려버렸습니다. 눈앞에 목장이 훤하게 펼쳐진 교래리에 차를 정박하고 루 크리스티의 〈새들 더 윈드Saddle the Wind〉를 크게 틀어놨습니다. 어두워지기만을 기다리고 있었는데 어둠보다 먼저 찾아온 것은 바람, 태풍 같은 돌풍이었습니다. 어찌나 바람이 거센지 노랫가락마저 심하게 요동쳐 차마 들을 수 없는 잡음이 되었습니다. 제주도의 바람은 블랙홀처럼 모든 것을 잡아먹어 치웁니다. 이런 판국에 짐칸에 내 몸을 뉠 용기(정말이지 용기가 필요한 일이었습니다!)가 없어 운전석 등받이를 젖히고 누웠습니다. 성에 차지 않거나 원하는 바대로 안 되면 마음을 구속시키는 게 사람인지라 차 안이 마냥 갑갑하고 답답했습니다. 그 훤한 목장의 초원 구릉도 눈에 들어오지 않았고 감미롭던 루 크리스티의 목소리도 나의 성마름을 재우지 못했습니다. 봄이 온다는 4월 초인데도 춥기는 또 왜 그리 춥던지…….

이후 트럭 같은 승용차는 슈퍼에 물건 사러 갈 때나 공항에 지인 마중 나갈 때 끌고 다니는 용도가 되었습니다. 서울과 다르지 않은 생활이지요. 제주도 역시 생활의 터이지 언제까지나 3박 4일 여행지가 아니라는 엄연한 사실을 제 작은 체험이 함축합니다.

그러나 다 저와 같지는 않습니다. 성직자인 어머니를 따라 5년 전 제주도로 온 K씨는 쉬는 날마다 오름에 올랐습니다. 368개 오름 중 200여 개의 오름을 오르며 제주도를 즐겼습니다. 오름 등산회에 가입했고 관련 책을 섭렵하는 열정으로 혼자서도 오름을 개척하는 재미에 흠뻑 빠졌습니다. 그를 따라 올라간 백약이오름의 마루에서 그가 동거문, 모구리, 유건에, 아부 등 사방에 널려 있는 오름의 이름을 줄줄 나열하고 있을 때 제 마음은 저절로 '제주도, 정말 잘 왔어!'를 외쳤습니다.

하지만 K씨는 1년 전 축구를 하다가 다리 관절을 다치는 바람에 그 좋아하던 오름 등산을 포기해야만 했고, 지금은 스무 개 남짓한 취미 강좌가 열리는 한라산학교에서 목공 등 보다 정적인 취미에 빠져 살고 있습니다. 그런데 목공 같은 취미는 사실 제주도에서만 할 수 있는 건 아니지요. 요즘 들어 그는 제주도를 떠날 생각을 많이 합니다.

"이젠 물이 흐르는 계곡이 그리워요. 제주도에 물은 흔하지만 늘 물이 흐르는 계곡을 보긴 힘들잖아요. 거의 건천, 마른 계곡이지요. 계곡의 물소리를 들어본 때가 언제인가 싶어요."

제주도가 싫어서는 절대 아닙니다. K씨는 또 다른 면에서 제주도가 좁게 느껴졌던 것입니다. 경북 영주에 사는 한 친구가 유혹하고 있다고 합니다. "청량산으로 와봐. 이곳도 좋아." 하지만 그의 마음을 끄는 것은 다른 데 있었습니다.

"제가 전기 기술자잖아요? 한국국제협력단KOICA에서 외국의 오지에서 봉사할 인력을 필요로 하더라고요. 의미 있는 삶을 살고 싶어서 여건만 되면 그곳으로 떠나고 싶어요."

맞습니다. 의미 있는 삶에 장소는 크게 중요하지 않습니다. 그런데 왜 많은 사람들에게는 그 장소가 제주도일까요? 아름다운 자연과 맑은 공기는 제주도로 이주하려는 이들이 꼽는 공통된 이유일 것입니다. 또한 한적함과 여유로움도 제주도의 매력입니다. 그렇습니다. 이런 면에서 제주도는 엄청난 특혜 지역임이 분명합니다.

제주공항에서 가깝기 때문에 육지에서 이주해온 사람들이 많이 모여 사는 유수암이라는 동네가 있습니다. 그곳에 있는 티하우스라는 카페에서는 한 달에 한 번 이채로운 모임이 열립니다. 각자 음식을 싸와 함께 나눠 먹고, 하나쯤 가지고 있는 재능도 서로 뽐냅니다. 기타를 치며 노래하기도 하고, 하모니카나 색소폰, 단소 같은 악기를 연주하기도 합니다. 어린이들도 같이 어울립니다. 특히 외지인만이 아니라 뜻이 맞는 제주 사람들도 함께하는데, 이들은 주로 직접 수확한 농산물을 내어놓습니다. 자연에서 키운 닭이 낳은 달걀, 제주 대정산 마늘로 만든 흑마늘, 역시 직접 재배한 포도로

담근 포도주, 무농약 채소 등 종류도 많습니다. 매우 생산적이면서도 건강하고 제대로 즐길 줄도 아는 맛깔스럽고 멋스러운 모임이었습니다. 물론 모임만 봐서는 그들 삶의 겉면밖에 볼 수 없기에 진짜 삶을 모를 수도 있습니다. 그들의 삶이 거짓이란 말이 아니라 일면만 봐서는 진실을 제대로 알기 어렵다는 얘기입니다.

"언제 농사를 지어봤어야지요. 처음 2년은 실패에 실패의 연속이었어요. 정말 제주를 떠나고 싶었죠. 집사람이 너무 힘들어했고요. 3년쯤 넘기니까 이젠 농사를 좀 알 듯해요. 물론 아직도 어렵없지만요. 그래도 하루 종일 흙만 팝니다. 농사일은 정말 무척 바쁘거든요."

하루 종일 흙만 파다니, 그런 생활이 재미있느냐고, 그러려고 제주도에 왔느냐고 물었습니다.

"뭐, 재미로 하겠어요? 이곳에서도 '생활'해야 하잖아요. 하지만 몸은 고달파도 흐뭇하달까? 확실히 보람이 있어요. 돈으로는 결코 살 수 없는 거지요. 보람이 있으니 행복하고요. 이게 저희 부부의 건강법이기도 하답니다."

대학교에서만 30년 가까이 근무했다는 P씨는 평생 함께해온 책 대신 흙에 묻혀 살면서 행복하게 산다고 합니다.

"물론 편히 쉬고 싶어 이곳에 왔지만, 마냥 쉰다는 게 일하는 것보다 힘들더군요. 우리 부부가 하는 농사야 육지 어디에서든 못 하겠어요? 그저 한번 제주도에서 살아보면 좋겠다는 막연한 생각으로 이곳까지 왔는데, 처음 떠나온 이유와는 다른 이유로 또 다른 삶을 즐기고 있는 거지요. 어찌 됐든 8년 지내보고 나니 잘 왔단 생각이 들어요."

한편 한국의 최남단 서귀포 바다 쪽 한적한 곳에 홀로 와 사진으로 육지 어린이들과 소통하고 있는 H씨는 이렇게 이야기합니다.

"제주도 와서 처음 벌려놓은 일들을 다 접고 있어요. 이 초가집에 그냥 처박혀 살아요. 이대로가 좋거든요. 계약한 1년이 다 되어 이 집의 연세年貰를 마련하는 게 벌써부터 고민이긴 하지만, 고민한다고 하늘에서 몇 백만 원 연세가 뚝 떨어지는 것도 아니고……뭐, 어떻게든 되겠죠."

30대 중반인 H씨의 말입니다. 생산적인 어떤 일도 하지 않고 있다고 합니다. 두 눈에 보이는 것이 좋아 무작정 온몸을 던져 이곳 제주도로 넘어온 상당수, 특히 젊은 사람들에게서 자주 듣는 말입니다. 그만한 아들이 있는 저로서는 이들의 자유가 부럽다기보다는 걱정되는 마음이 먼저 앞섭니다. 세상이 각박해지고 당장 취직자리 구하기도 점점 더 힘들어지다 보니 이렇게 사회뿐 아니라 자기 자신마저 방관해버리고 사는 젊은이들을 보게 됩니다. 더불어

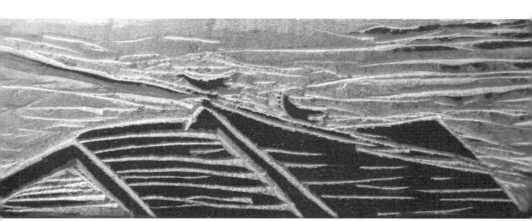

부부 제비는 새 보금자리를 찾고 있습니다.

이들을 알량한 혀 놀림으로 부추기고 '현혹'하는 말과 글이 유행하고 있습니다. 결코 아픔이랄 수 없는 것을 아픔이라며 현혹하는 유의 거짓부렁들 말입니다.

소위 잘나간다는 사람들이 '하고 싶은 일을 하라'고 설파합니다. 하지만 대부분의 이런 말은 유혹을 넘어선 현혹입니다. 현혹은 거짓보다도 더 나쁜 사기가 될 수 있습니다. '하고 싶은 일'을 하라고 말하는 그들의 이력만 봐도 그 말이 현혹임이 드러납니다. 그들은 애초부터 명문 대학을 나와 의사나 변호사, 대학교수와 같은 평생이 보장된 직업을 가진 기득권자인 경우가 대부분입니다. 그들이 10대, 20대 때에 단지 하고 싶은 일을 하겠다는 생각으로 그 학과나 직업을 선택했을까요? 또 그들이 스스로 선택한 학과나 직업을 저버림으로써 지금의 인기를 얻고 있다는 이율배반은 무엇을 말하는 건가요? 변신이며 혁명일까요? 그들은 니체가 말하는 이기적인 권력의지의 또 다른 화신일 뿐입니다. 그들만의 욕심이며 그들만을 위한 욕망일 뿐입니다. 이를 권력욕이라고 합니다. 권력욕은 비단 정치에 국한된 단어가 아닙니다. 이러한 현혹은 우리에게 당장에는 대리만족을 줄 수 있을지 모르나 곧 우리를 자괴감에 빠트리고 낭패의 한숨을 쉬게 합니다. 현혹되어 속는 일은 참으로 바보스러운 일이 아닐 수 없습니다.

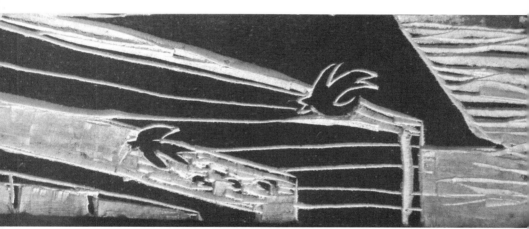

다른 빈 제비집은 들어가 살기 수월해도 넘보지 않습니다.
새 집터에 바로 집을 짓지도 않습니다.
지푸라기 진흙이 벽에 잘 붙도록 여러 차례 찍어봅니다.

생존을 위해 살아가야 하는 우리네 절박한 인생이 생존이 아닌 축적과 축재, 여분과 여력의 삶을 즐기는 극소수의 현혹에 빠져 지금뿐 아니라 미래에까지 더 아프게 되는 건 아닐까 우려됩니다. 아픈 청춘이 장년, 말년까지 아파서는 안 될 것입니다. 현혹은 결코 희망이 되지 못합니다. 지금 어려움에 처한 사람에겐 그 어려움을 견뎠거나 그 어려움 속에서 깨달음을 얻은 실패자의 말 한마디가 더욱 귀감이 될 수 있음을 알아야 합니다. 이들은 현혹하지 않습니다. 성공이란 허울 좋은 현혹과는 거리가 먼 삶을 부대끼며 살아왔을 테니까요. 타인의 눈부신 성공은 나에게 현혹이 될 수 있음을 왜 모르고 많은 사람들이 그들을 추종하려드는지 참 안타깝습니다.

올레길의 유행 역시 많은 사람들에게 현혹이 됩니다. 유행에 현혹되어 즉흥적으로 제주도에 내려와 살겠다는 사람들에게 꼭 해주고 싶은 말이 있습니다. 삶은 결코 2박 3일 유행 따라 올 수 있는 여행 같은 게 아닙니다. 그런 식으로 삶의 장소를 제주도로 옮기는 것, 제주도를 삶의 전환점으로 삼고자 하는 것은 평생이라는 긴 시간에 비추어볼 때 아주 위험한 선택이 될 수도 있습니다. 제주도가 전환점이 아닌 임시 도피처나 은둔처가 되어서는 안 되겠기에 하는 말입니다.

올레길에서 만난 20대 후반의 고등학교 교사인 S씨의 말은 많은

참으로 바지런히 집을 짓습니다.

것을 생각하게 합니다.

"다들 남이 하는 대로 너무 쉽게 생각하는 것 같아요. 제주도에 와서 아이들을 가르치는 저를 고향 친구들이 무척 부러워해요. 때로는 시기와 질투로 들릴 때도 있고요. 그런데 여기 오기 전 부산에 있을 때 제주도 이주를 준비하느라 2년 가까이 새벽 2시까지 치열하게 공부해야 했거든요. 이런 노력은 안 하는 것 같아요.

올레길을 걷는 여행객들을 만날 때도 같은 생각이 들어 안타까울 따름이에요. 몇 코스를 걷는다는 결과만 좇을 뿐 정작 걷는 즐거움을 만끽하는 사람은 거의 볼 수가 없어요. 게다가 제주도의 더 좋은 곳을 알려주고 싶어도 오로지 '올레'만을 고집들 하니 안쓰러울 지경이고요.

소위 베스트셀러들을 보면 젊은이들이 자각하도록 돕기보다는 '남들도 다 이런데' 하며 자위하고 안주하게 만드는 것만 같아요. 이런저런 유행들이 결국 이런 자각의 결핍에서 나오는 게 아닐까요?"

그는 '유행에 따라 기우는 감정을 경계해야 나를 위한 진짜 삶을 살 수 있다'라는 말을 제주도 이주를 희망하는 이들에게 가장 먼저 해주고 싶다고 합니다.

비로소 마뜩한 곳에 예쁜 집이 완성됐습니다.
(제주도 안덕면 동광문화마을의 한 가정집 처마에서)

뱉은 과랑과랑, 모살은 빈찍빈찍

제주도에 와서는 저녁을 일찍 먹습니다. 무엇보다 무궁무진한 노을을 보기 위해서입니다. 산책을 겸해 바닷가로 가는데 시간을 놓치면 너무 어둡기 때문입니다. 가로등이 없는 제주도의 밤은 유난히 깜깜합니다. 어둠이 무섭기도 하지만 그보다는 들개의 돌발 공격으로 크게 다칠 수 있습니다.

매일매일 다채로운 노을을 보고 있노라면 세상을 만든 절대자는 화가가 아닐까 하는 생각이 듭니다. 마네의 인상적인 붓놀림이 보이다가도 물감을 뿌려대는 잭슨 폴록의 초현실적인 손놀림이 보이기도 합니다. 빛과 구름과 바람을 가진 절대자 화가의 작품을 매일같이 만날 수 있는 제주도는 지붕도 담도 대문도 없는 초대형 미술

관입니다. 물론 무료입장이니 매표소가 있을 리 없습니다.

　이따금 평소보다 서둘러 저녁을 먹고는 기타를 들고 바닷가에 가고는 합니다. 마음먹은 대로, 마음 가는 대로 할 수 있는 곳이기에 제주도가 좋습니다. 장자의 '소요유逍遙遊'를 실천에 옮길 수 있는 곳이 제주도입니다. '소요유'는 구애받음이 없이 느긋하게 즐기는 놀이라지요? 하지만 살다 보면 구애받을 일이 생겨나고 아무리 피해왔다고 해도 사람은 사람과 떨어져 살 수 없습니다.

　한번은 1년 전에 만난 20대 후반의 J와 기타를 둘러메고 바닷가로 나왔습니다. 모닥불 대신 철썩이는 파도만 바라보며 '모닥불 피워놓고'를 부르고, '아무리 우겨 봐도 어쩔 수 없'는 개똥벌레도 되고, 갈매기 한 마리가 난바다를 외롭게 날고 있을 땐 절로 '갈매기 나는 바닷가에도 그대가 없으면 쓸쓸하겠네'를 읊조리다가, 마침 술잔을 쨍 하고 부딪칠 때는 '술 마시고 노래하고 춤을 춰봐도 가슴에는 하나 가득'한 슬픔을 우리 앞에 불러봅니다. 여자같이 곱상한 얼굴의 J가 말합니다.

　"결국 사람이에요. 사람을 피해왔는데 또 사람이 그리워져요."

　J만이 아니라 우리 모두에게 자연은 선택이지만 사람은 필수입니다. 그러나 우리는 착각하지요. 자연은 하시라도 떠날 수 있지만

사람은 필수입니다

사람은 아닙니다.

그 젊은 나이에 제주도에는 어찌 왔느냐고 물었던 적이 있습니다. J의 대답은 한마디로 '무작정'이었습니다.

"제주도에 몇 번 와봤는데 마냥 좋더라고요. 그래서요."

버젓한 대학교에서 수학을 전공하고 서울에서 학원 강사를 하다가 왔다고 했습니다. 1년 전에는 서귀포시 표선읍의 한 고등학교에서 시간강사를 하고 있다고 들었는데, 남원읍의 연세 50만 원짜리 작은 집을 비워두고 지금은 제주시에 가 있다고 합니다.

"제주시는 도시라서 서울과 별반 다를 게 없다며 별로라고 하지 않았던가?"

J는 대답을 피합니다.

"〈세월이 가면〉이란 노래 아시죠? 기타 좀 쳐주실래요? 제가 노래 부를게요."

"그대 나를 위해 웃음을 보여도 허탈한 표정 감출 순 없어" 젊은 J가 부르고 아버지뻘인 제가 기타로 호흡을 맞춥니다. "가슴이 터질 듯한 그리운 마음이야 잊는다 해도 한없이 소중했던……" J가 악을 써댑니다. 기타 소리를 줄였습니다.

"왜 그래? 그 사이 실연이라도 한 거야? 그 잘생긴 얼굴을 마다하는 여자도 있나?"

"여자요?"

J는 술병을 하늘로 치켜들고 한 모금 마시고는 술병 위로 공중 제비를 넘습니다.

"선생님은 제주도가 어떠세요?"

제주도에 이주해온 사람들끼리 참 많이도 하는 질문인데, 대개 는 후회가 짙게 깔려 있습니다.

"나야 좋지. 집에서 3분만 걸어 나오면 태평양 바다고, 여기서 이 렇게 소리 지르며 노래 불러도 남의 귀와 눈 거스를 일 없고…… 좋잖나?"

그는 제주시의 한 커피 전문점에서 아르바이트를 한다고 합니 다. 습기가 너무 많고 바람도 너무 세서, 또 일거리가 없어 서귀포 시의 집을 두고 사람들이 많이 모여 사는 제주도의 큰 도시, 제주시 로 넘어가야 했다고 합니다. 사실 J가 살고 있는 남원은 제주도에 서도 가장 바람이 약하고 가장 따뜻한 곳입니다. 그러나 체감, 몸과 마음이 느끼는 온도는 달랐던 것입니다. 지금 제주도 이주를 후회 하고 있는 J는 불과 1년 전만 해도 이렇게 말하곤 했습니다.

"일거리야 쌔고 쌨잖아요? 봄여름엔 노가다 일거리가 널려 있 고, 가을겨울엔 감귤 따주면 돈 나오고."

남의 일은 다 쉬워 보일 수 있습니다. 제주도가 문제겠습니까?

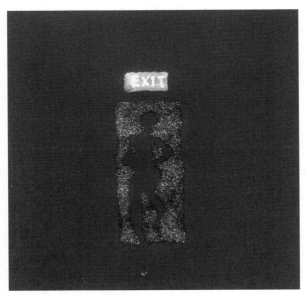

선생님은 제주도가 어떠세요?

섣불리 서둘러 내린 결정이 문제라면 문제겠지요.

앞서 말한 교사 S씨는 J와 달랐습니다. 그녀는 좋다 싶어 무작정 떠나온 것이 아니라 좋으니까 더 철저히 준비했습니다.

"제주도가 너무 좋아요. 그래서 여기 왔고요. 하지만 제주도만 고집하는 건 아니에요. '지금과 여기에 안주하지 않는다'라는 제 좌우명에 따라 선택하죠. 제주도는 그렇게 선택한 곳이고요."

그녀는 만약 제주도를 떠나게 된다 하더라도 이곳에 온 것을 결코 후회하지 않을 것이라고 단호히 말합니다. 오히려 제주도에서 살고 있는 지금 이 시간이 즐겁고도 잊지 못할 추억이 될 것이라고 합니다.

"긍정의 힘은 비판에서부터 나오는 게 아닐까요? 올바른 비판을 하려면 그 세계를 제대로 알고자 하는 깊은 이해가 필요하잖아요. 그런데 무조건 좋다, 옳다, 그러니 그렇게 하자 하면 나중에 가서 부정하지 않으면 안 될, 오히려 더 힘든 일이 생겨나기 십상이거든요. 요즘 책이나 광고에 자주 등장하는 그런 유의 긍정의 힘을 전 부정해요. 그건 '무조건 긍정' 같아서요."

그녀는 제주도에 오기 전 선배 이주민들, 토착민들과 많은 얘기를 나눴다고 합니다. 칭찬과 찬양 일변도의 여행 책은 일부러 기피했다고 합니다. 이런 그녀의 입에서는 후회나 탄식의 소리가 나오

뱉은 과랑과랑, 모살은 뻬찍뻬찍   그림 ⓒ 이길순

지 않습니다. '좋다, 좋다' 하며 무조건 긍정만으로 제주도에 온 사람들에게서 부정적인 말을 더 많이 듣습니다.

"아직 봐야 할 곳이 얼마나 많이 남았는데요. 제가 국어 선생이라 그런지 요즘은 제주 사투리에 관심을 쏟고 있어요. 이것도 제주도 즐기기 아닌가요? 햇볕은 쨍쨍, 모래알은 반짝! 이 노래를 제주도 말로 어떻게 부르는지 아세요?"

그러면서 '뱉은 과랑과랑, 모살은 뻰찍뻰찍!'이라고 일러줍니다.

제주대 인류학과 교수는 제주도가 인맥 사회라고 단언합니다. 제주도에 온 지 28년째라는 그에게 제주도에 대해 물으니 고개를 설레설레 젓습니다.

"동호회조차 지연과 학연을 따져 묻고 서로 편을 가릅니다. 제가 여기서 28년을 살았어도 여전히 이방인이요 주변인입니다."

그는 제주도가 외지인이 뿌리내리고 살기엔 힘든 곳이라고 합니다.

제주도가 좋아 자발적으로 근무지를 옮겨 왔다는 어느 공무원 역시 '사람'으로 인해 제주도가 제주도답지 않다고 말합니다. '한 사람 건너면 다 친척이며 아는 사람'이라며 괸당(가까운 친척을 뜻하는 제주도 사투리) 문화가 발전을 저해하는 사회라고 폄하합니다. 이 말의 옳고 그름을 떠나서, 이분 역시 3박 4일 여행으로 본 제주도가 '제주도답다'고 착각하는 건 아닐까요? 사실 '제주도다운' 것이란 이방인들의 기대치에 불과합니다. 그리고 이방인들이 지적하는 제주도의 문제가 과연 그곳만의 문제일까요?

다른 곳과 마찬가지로 제주도를 보면 한국이 보입니다. 제주도역시 한국의 축소판입니다. 결국 학연, 지연을 따지고 나이 따위로서열을 매기는 인맥 사회는 제주도만이 아니라 제주도를 포함한 한국 전체입니다. 제주도도 한국의 문제점을 고스란히 안고 있을 뿐입니다. 단지 제주도에 와서 외지인, 이방인, 주변인이 되어보니그 점이 절실하게 느껴지는 것입니다. '제주도민들은 매우 배타적이다'라는 말 역시 마찬가지입니다. 그런 비난은 누워서 침 뱉는 꼴입니다. 마땅한 근거 없이 그저 우리 것이 최고라는 생각은 제주도민만의 문제가 아니라 어쩌면 한국인이 공통으로 가진 배타성 같은 것일지도 모릅니다. 제주도에 다른 것은 없습니다. 굳이 문제라면 빼다 박은 듯이 육지와 똑같이 변한다는 것입니다.

그럼에도 불구하고 제주도가 좋아서 왔어야 합니다. '그럼에도 불구하고'는 나쁜 점을 인정하되 보다 나은 점을 보는 안목이자 보려는 자세입니다. 그래야만 어떤 환경이라도 이해하고 받아들일수 있으며 극복할 수 있습니다. 그래야만 제주도민의 닫힌 마음을열 수 있습니다. 그래야 더 좋은, 더 깊은 제주도가 보입니다. 좋은 것만, 예쁜 것만 가려 보려고 하면 더 나은 것을 볼 수 없습니다.

　문제는 제주도로 건너온 이주민들에게 있습니다. 이들에게 제주도는 '과거'의 섬입니다. 그것도 결코 생생한 삶이 새겨진 추억 어린 과거가 아니라 환상으로 포장되고 치장된 과거입니다. 타인의 과거라도 생생한 추억이 담긴 이야기는 듣기 좋습니다. 하지만 확인할 수도 없고, 확인하고 싶지도 않은 과장과 미화로 꾸며진 타인의 과거를 듣는 일은 고역입니다. 그것도 영웅담이라고 으스대는 남자들의 군대 경험담 같은 이야기 말입니다. 이주민들의 '이런 과거'가 귀에 자주 들리는 곳이 제주도입니다. 그들에겐 떠나온 육지가 군대가 되겠지요. 이 이야기를 들어야 하는 제주도 토착민들의 마음은 어떨까요?

　'그 화려한 경력을 놔두고 왜 제주도에 왔는데? 그렇다면 말만 하지 말고 그 과거다운 모습을 좀 보여주든가. 사는 꼴은 말과 영 딴판이면서…….'

　토착민들이 모를 리 없습니다. 물론 이주민들 앞에서는 차마 그렇게 말하지 않습니다. 문제는 이주민들에게 있습니다. 제주도 토착민들을 왠지 하대하는 듯한 이주민들의 태도가 토착민들의 배타성을 키우기도 합니다. 이주민과 토착민 모두 이를 잘 알고 있기에 서로 터놓고 소통하지 못하고, 그러니 어우러지기가 쉽지 않

스스로 고립의 섬이 되는 것

습니다.

텃세는 전국, 아니 전 세계 어디에나 다 있습니다. 제주도만의 것이 아닙니다. 큰 집을 짓거나 혹은 확인할 수 없는 과거를 떠벌려 텃세를 누르려는 심보를 버려야 합니다. 괜스레 심술궂게 '굴러 온 돌이 박힌 돌 빼'려는 마음을 육지에 내려놓고 오지 않은 이주민에게 제주도는 후회의 섬이 될 뿐입니다. 스스로 고립의 섬이 되는 것을 자초할 뿐입니다.

앞의 J 같은 젊은 친구들을 제주도에서 꽤 많이 만납니다. 철저히 준비하고 제주도로 온 S씨 같은 젊은 친구는 보기 힘듭니다. 나이가 꽤 든 사람들은 더 심합니다. 이들은 크든 적든 젊은이들보다는 많은 돈을 손에 쥐고 있습니다. 이 돈이 이들을 더 옭아매기도 하고, 토착민과의 벽을 쌓게 하기도 합니다. 서울 같은 대도시에 비해 훨씬 싼 값에 땅을 사고 집을 지어 이주해 와서는, 듣기 불편한 과거를 공공연히 떠벌리며 아니 더욱더 과거에 묻혀 결국 이주민끼리 모여 삽니다. 이들에게 제주도는 서울보다 땅값 싸고 맞든 틀리든 떠벌려도 먹히는 곳, 거기에 경치 좋고 공기까지 맑은 곳일 뿐입니다. 이런 사람들의 입에서 '제주도답지 않다'는 말을 더 쉽게 듣습니다. 이들은 토착민들이 순수한 마음으로 자신들을 맞이해주길 바라는 기대를 충족하지 못하면 토착민들을 '배타적'이라고 공격합니다. 그렇다고 제주도 토착민들에게 배타성이 없다거나 그러한 배타성을 옹호하는 것은 절대 아닙니다. 이에 대해선 앞으로 더 많은 얘기를 할 것입니다.

분명한 것은 아무리 자연 경관이 좋은 제주도라도 결국 사람 사는 곳이라는 점입니다. J는 결국 이런 푸념을 늘어놓았습니다.

"제주도도 삭막한 건 육지와 다를 게 하나 없더군요. 그나마 한가하기는 하니 여기에서 자격증 시험 준비나 해야겠어요."

J가 고작 시험 준비하자고 제주도에 온 것은 아닐 것입니다. 섣불리 또는 얕잡아보고 있다면 제주도 이주를 말리고 싶습니다. 머릿속에 있는 '제주도다움'을 만끽하고 싶다면 여행지로만 잠시 들르시길 간곡히 부탁합니다. 제주도는 섣부르게 얕잡아보고 가서는 안 되는 너무나 아름다운 지상천국입니다. 천국을 돈 몇 푼으로 살 수 있는 타락한 면죄부의 땅으로 전락시켜서는 안 되겠기에 하는 말입니다. 그러나 지금 제주도는 점점 그렇게 변하고 있습니다.

그 잘난 돈으로 제주도의 아름다운 자연이 부자연스러운 '공원'으로 바뀌고 있습니다. 제주도를 온통 걷기 좋고 보기 좋은 올레길 공원으로 만들어선 안 됩니다. 자연이 모두 공원이 되는 것은 바람직하지 못합니다. 있는 그대로가 더없이 훌륭한데도 굳이 돈 들여 뜯어고쳐 기껏해야 보잘것없는 공원으로 만든 탓에 제주도의 진정한 아름다움이 파괴되었습니다. 콘크리트투성이인 도시에야 공원이 꼭 필요하고 많으면 많을수록 좋겠지만, 그냥 그대로가 더 좋은 자연을 군이 공원으로 만드는 것은 훼손이자 낭비이며 결국에는 자연 파괴가 됩니다. 이대로 계속 가다가는 백록담 주변에도 한라산 기슭에서 잘라낸 삼나무 데크가 깔릴 판입니다.

백록담 올레? 걷고 쉬기 편해야 하니까 올레길을 만들자고요? 올레로 몸살을 앓고 있다는 사실을 아시는지요? 바닷가에서 넘어오곤 하던 그 많던 도둑게가 올레로 인해 길을 잃어 다 사라져버렸답니다. 백록담의 노루도 마찬가지 운명을 겪게 될 것입니다. 군이 새로 길을 내거나 넓히지 않아도 충분히 좋은 길이 올레였습니다. 이것은 분명 훼손을 넘어선 파괴입니다. 지금 제주도의 자랑인 천혜의 곶자왈(제주도 말로 '곶'은 숲을 뜻하고 '자왈'은 암석이나 가시덤불로 엉켜 있는 곳을 말합니다)마저 파헤치며 공원 건설에 혈안입니다. 자연을 훼손하며 그 자리에 신화박물관을 세운답니다. 이런 모순된 일이 제주도에서 벌어지고 있습니다. '세계 7대 자연경관'에 선정되려고 그 난리를 쳤는데, 이제 곧 제주도가 '세계 최대의 공원'으로 등극하는 것은 아닌지 모르겠습니다. 이는 자연 상태 그대로 최고의 선물인 제주도에 커다란 상처이자 치욕이 될 것입니다.

제주도, 여행과 삶

여행과 삶은 매우 다릅니다. 이상과 현실로 비유할 수 있을 것입니다. 이 둘은 상호 유대하며 서로를 보완해주지만 뒤엉켜서 이도 저도 아니게 되면 오히려 서로를 해칩니다. 이상에도 미치지 못하고 그렇다고 현실에 적응하는 것도 아닌 그런 상태에 빠지기 쉽습니다.

'무엇을 하며 살 것인가?'라는 질문은 삶을 구체화해줍니다. 그런데 그 '무엇'이 무엇이든 흔들리지 말아야 할 것이 있습니다. 바로 자세입니다. 삶의 자세가 흔들리게 되면 모든 것이 뒤죽박죽이 되고 맙니다. 그러면서 또 한 수 배워가는 게 삶이라지만 그래도 이왕이면 시간이나 열정의 낭비는 줄이는 게 좋겠지요.

방송을 타 꽤나 유명해진 부부가 제주도에 와서 살고 있더군요. 빵빵한 대학을 우등으로 졸업하고 교수라는 안정된 직업을 가지고 있던 부부가 지리산 자락에 있는 시골, 그것도 '깡'촌에서 완전 재 래식(좋게 말하면 유기농)으로 살아가는 모습을 방송에서 그대로 보 여줬나 봅니다. 명문대 교수가 어떻게 저런 일을? 닷새째 계속된 그들의 다큐멘터리는 시대적 성향이 짙은 시청자들을 자극하여 시 청률도 꽤나 높았답니다. 그러나 그 방송 이후 자신들을 따라 살고 자 하는 이들 때문에 부부는 생활이 힘들어졌고 결국 지리산을 떠 나 제주도로 건너왔습니다. 남편은 도시에서 하던 일을 제주도에 와서 계속하고 있고 아내는 시내에서 카페를 운영하고 있답니다. 방송에서 보여주었던 그들의 삶은 어쨌든 결과적으로 거짓이 되고 만 것이지요. 물론 시간이 지나면 바뀌고 달라질 수 있습니다. 하지 만 삶의 자세가 흔들리면 살아야 할 장소는 물론이려니와 일을 비 롯해 모든 생활이 혼란에 빠지고 맙니다. 방송 탓을 하지만 방송 출 연 역시 똑똑하다는 그 부부의 선택이었으니 어찌 남만 탓할 일일 까요. 여기서 얘기하고 싶은 것은 바로 이러한 현혹—방송에서 보 여준 타인의 삶—에 휩쓸리는 일을 경계하라는 것입니다.

5년 전쯤 제게도 비슷한 제안이 들어왔습니다. TV 프로그램에 출연해달라고 한 방송사 피디가 연락해왔습니다. 강원도 시골에 처박혀 글만 쓰며 살고 있는, 경제적으로 무능한 저였기에 "이 백수가 닷새 동안이나 보여줄 게 뭐가 있을까요? 서울 가면 소주나 한잔하시지요. 감사하고 미안합니다" 하고 끊었는데 또 연락이 왔습니다. 이번엔 방송작가입니다. 그래서 나는 주식 투자로 거의 전 재산을 탕진했는데 이것도 방송에 넣어주면 응하겠다고 하니 그 후론 연락이 없습니다. 방송의 생태를 제법 아는 저는 그런 식으로 출연을 피했습니다.

삶도 기획물이 되어버리는 프로그램을 종종 보게 되는데, 그게 다 시청률에 연연하기 때문입니다. 시청률을 높이려니 자극적인 것이 필요합니다. '어, 대단하네' 하고 시청자의 이목을 끌 만한 솔깃하고 선정적인 장면이 화면에 자주 나와야만 합니다. 하지만 실제를 부풀리고 과장하면 거짓이 될 수 있습니다. 그런데 단순히 거짓말로 끝나는 게 아니라 누군가에게 영향을 준다면 큰 문제입니다. 방송된 내용을 다 믿으려 하는 게 '순수한' 시청자들이니까요. 삶과 드라마는 분명 다른데도 같은 것처럼 착각하곤 합니다. 마찬가지로 3박 4일의 제주도 여행이 드라마 같다면, 제주도로의 이주는 곧 삶입니다. 드라마를 보고 울고 웃는 일은 오락이지만, 삶에서 울고 웃는 일은 현실입니다.

미국에서 10년을 살았다는 40대 후반의 H씨는 제주도로 옮겨오

제주도 여행은 드라마 같습니다

기 전 2년 정도 여행 삼아 제주도를 자주 드나들었습니다. 오면 올수록 더 맘에 드는 제주도에 결국 살아야겠다 싶어 그동안 알고 지낸 제주도민의 도움을 받으며 살 곳을 찾아 나섰습니다. 땅을 사놓고도 바로 이사하지 않았습니다. 준비 기간을 또 가진 것이지요. 땅을 구입하고 4년 뒤, 그 사이 형제들도 합류하게 되어 가족이 함께 이주하기로 했습니다. 허름한 집을 불편하지 않을 정도로만 고치고 2년을 지내봤습니다. 그동안 알게 된 현지 건축업자와 상의해서 새 집을 지었는데, 무조건 맡기지 않고 자신도 직접 참여했습니다. 그 덕에 비용도 적게 들였고 더 튼튼하게, 더 마음에 들게 지었습니다. H씨는 이렇게 얘기합니다.

"미국에서 살던 곳이 여기보다 공기도 더 좋고 한적했지만 쓸쓸했어요. 소통에 어려움은 없었지만 그래도 외국이잖아요. 아이들도 다 커서 학교 따라 뿔뿔이 흩어지고 나니 더 그랬죠. 이곳에서 젊었을 때 하고 싶었던 그림도 그리고 틈틈이 밭에 나가 저농약 감귤 농사도 지으며 조금이나마 돈벌이도 하며 사니 재미가 쏠쏠하네요."

살면 살수록 제주도가 좋아진다는 그녀는 절대 서두르지 말자는 교훈을 낯선 미국에 살면서 배웠다고 합니다. 하지만 그녀는 교훈 말고도 다른 것이 있었습니다. 서두르지 않고 살아도 될 정도의 재산이 있었습니다. 이 점을 간과해선 안 됩니다.

H씨와는 달리 저는 급히 제주도로 넘어와서 피해를 보았습니다. 와서 보니 저 같은 사람이 꽤나 많았습니다. 부동산업자들을 조심해야겠지만 무엇보다 '서두름'이 가장 큰 화근입니다. 서울 같은 대도시에 비해 훨씬 싼 집값이 '서두름'을 부추깁니다. 나중에야 더 비싸게 주고 샀다느니, 시세보다 더 많이 주고 세를 들었다느니 후회하게 되는데, 다들 이를 두고 우스갯소리로 '입도세入島稅'라 합니다. 제주도라는 섬에 들어오면서 내는 세금이라는 거지요.

저는 전세 보증금을 되받기 위해 재판을 받는 과정에서 또 다른 텃세를 경험해야 했습니다. 재판관인 젊은 판사도, 조정관으로 나온 병원장과 대학 부총장도 일방적이고도 노골적으로 집주인 편만 들더군요. 저는 화가 치밀어 올랐지만 마음을 가라앉히고 가만히 '입도세'라는 말을 떠올렸습니다. '정말 하고 싶은 일을 하며 즐겁게 살자고 온 제주도가 아닌가?' 허둥지둥 서두르며 사람을 너무 믿었던 저 스스로를 탓하기 시작했습니다. 그 후에 다행히 다른 제주도 사람의 도움을 받아 더 살기 편하고 아늑한, 거기다 집세도 싼 집으로 옮기게 되었지만, 그때는 정말 제주도를 떠나고 싶은 마음이 절정에 치달았습니다. 하지만 후회하고 포기하는 순간 낙오자가 된다는 생각이 들었습니다. 더 멋지게 살아보자고 택한 제주도

'서두름'이 가장 큰 화근입니다

에서 스스로 낙오자가 되고 싶지는 않았습니다.

제주도에 와서 이와 비슷한 사례를 너무나 많이 보고 들었습니다. 여기도 사람 사는 곳인지라 저처럼 어수룩한 사람은 호된 신고식을 치르기 일쑤입니다. 이런 일이 흔해서인지, 또 이러한 생리를 잘 알고 있어서인지 '입도세'라는 말은 제주 토착민들의 입에서도 곧잘 나옵니다. 그러나 대개 이미 일이 벌어진 뒤에 우스갯소리로만 입도세, 입도세 할 뿐이지 미리 조심하게끔 알려주려는 사람은 아직까지 한 명도 만나보지 못했습니다. 하지만 어엿한 제주도민이 된 저마저 침묵할 순 없습니다.

20, 30대의 젊은이들도 각박한 도시를 떠나 제주도로 삶의 터전을 옮기고자 하는 이들이 많습니다. 이 젊은이들의 가장 큰 고민은 제주도에서 '무엇을 하고 살 것인가'입니다. 그래서 대부분 살림집을 겸한 자그마한 게스트하우스나 카페를 차립니다. 제주도를 즐기면서도 적당한 수입도 기대할 수 있는, 꿩 먹고 알 먹을 수 있는 아이템으로 생각하는 듯합니다. 물론 잘되는 곳도 있지만 이들 중 상당수가 1, 2년 사이에 게스트하우스나 카페를 되팔려고 내놓습니다. 처음 투자한 금액만이라도 회수해서 육지로 되돌아가기 어렵다는 현실을 잘 알지만, 투자한 본전 생각에 상황은 절박함에도 불구하고 이들이 내놓는 가격은 오히려 올라만 갑니다. 성급하고

눈 먼 또 다른 외지인을 마냥 기다리는 것이지요. 제주도에서 태어나 육지에서 20년 넘게 살다 돌아온 40대 초반의 한 남자는 이렇게 말합니다.

"빈 집이라서 돈 덜 들이고 게스트하우스를 운영하게 될 줄 알았어요. 6개월 동안 직접 수리해 문을 열 때쯤 되니 후회가 앞서더군요. 방 여섯 개를 매일같이 다 채운다 해도 수입이 고작⋯⋯. 그리고 손님이 한 분이든 여러 분이든 24시간 여기에 묶여 지내야 한다는 사실을 왜 시작할 땐 미처 생각 못 했는지 저 자신도 의아할 따름이라니까요."

그는 공들여 수리한 게스트하우스를 문도 열기도 전에 매물로 내놓았습니다.

그저 제주도가 좋아 카페 같은 식당을 올레길 옆에 차린 P씨 가족은 1년도 못 돼 식당을 내놓았습니다. 알고 지내는 제게도 그 가게를 이어받으라며 권유합니다. 장사가 잘된다며 수입액을 늘어놓습니다. 그의 말만 들으면 흑자도 그렇게 흑자가 아닐 수 없습니다. 그런데 왜 식당을 내놓느냐 물으니 아이 교육과 아내의 건강 문제 때문이라 합니다. 결국 1년이 지나도록 가게는 나가지 않았고, 주인의 마음이 떠나 있으니 식당에 손님은 더 줄어만 갔습니다. 그 역시도 과거의 자신 같은 제주도 초보자가 식당을 인수하길 기대하

쓸쓸한 게스트하우스

고 있는 듯했습니다. 그 식당 자리의 임차인이 수차례 바뀌는 것을 보아온 동네 목사님은 무척 안타까웠나 봅니다. 지난 10년간 임대료만 터무니없이 오르고 누구 하나 제대로 정착하지 못하는 것을 봐왔다고 합니다. 제주도에는 이런 게스트하우스나 카페가 꽤 많다는 사실을 직시해야 합니다. 그러나 그보다 더 주의 깊게 들어야 할 말은 다음의 탄식입니다.

"제주도가 좋아서 왔지만 식당에 완전히 갇혀 살고 있어요. 대체 내가 왜 제주도에 왔는지 모르겠어요."

제주도는 서울 같은 도시와 달리 싼 월세나 연세로 임시 거주할 곳이 많습니다. 보증금도 무척 싸고, 심지어 없는 경우도 많습니다. 이주를 결정하기 전 3개월에서 1년 정도는 월세나 연세로 제주도에서 먼저 살아보는 편이 좋습니다. 그런 다음에 무엇을 할지를 결정해도 늦지 않고, 오히려 더욱 적절한 답을 얻을 수 있습니다. 우리가 사랑하는 제주도는 하나도 변하지 않습니다. 늘 그 자리에 그렇게 있습니다. 다만 사람의 일이 변덕스러운 탓입니다. 서두르면 반드시 후회합니다.

우뚝 선 한라산처럼 제주도는 늘 그 자리에 있습니다

죽어지는 세

제주도엔 '죽어지는 세'라는 게 있습니다. '죽어지는 세'란 연세, 즉 1년 동안 집을 사용하는 비용을 뜻합니다. 그런데 '죽어지는 세'가 전세나 월세 등 육지 용어로 대체되고 있습니다. 올레길 유행과 함께 집세가 오르면서 최근 몇 년 사이에 나타난 현상입니다. 이익이 되는 쪽으로 변화하는 게 당연해 보이지만, 제주도가 육지에 동화되어가며 제주도 고유의 문화를 상실하는 것은 아닌지 걱정입니다.

'죽어지는 세'라는 말에는 세입자에 대한 주인의 미안함이 묻어 있습니다. 실제로 집주인이 세입자에게 "1년이 지나면 없어지는 돈인데 괜찮겠느냐?"고 묻는 걸 몇 번이나 들어본 적 있습니다. 그런데 이제는 거래라는 계약관계가 우선시되는 도시의 면모를 제주도에서 보게 돼 안타깝습니다. 세를 적게 받든가 받지 말라는 말은 절대 아닙니다. 정이 사라지는 거래 관계가 늘어나며 아름다운 문화가 옛것이 되어가는 것이 아쉬울 따름입니다.

바람 센 제주에는

제주도의 3월은 저주받은 달입니다. 그래도 우리나라 최남단인 데다 제주공항에 내리자마자 보이는 야자수 때문에 으레 제주도의 겨울은 따뜻하리라 기대하기 마련인데, 그랬다간 호되게 역습을 당하기 일쑤입니다. 이제 겨울이 다 지났구나 하며 한숨을 돌리고 움츠렸던 몸을 풀 채비를 할 즈음인 3월. 하지만 3월은 세찬 바람 탓에 겨울보다 더 견디기 힘든 제주도만의 또 다른 계절입니다. 몸은 더 시리고 가슴은 더 서러운 3월. 육지보다 더 빨리 봄꽃을 피우는 햇볕이 있어 기상청 기준으로는 완연한 봄이지만, 그 햇볕도 어쩔 도리 없게 만드는 것이 바로 제주도의 바람입니다.

제주도의 3월은 매섭고도 매정합니다. 바람 소리도 육지와는 달

제주도의 바람은 매섭고 매정합니다

라 밤에는 귀신이 울부짖는 소리처럼 들립니다. 육지보다 맑은 날이 더 많을 것이라고 기대하면 오산입니다. 흐린 날이 많고 일조량이 적어 태양열보다는 풍력에 더 의존할 정도입니다. 제주도 곳곳에서 엄청나게 큰 풍력발전기가 도는 광경을 보았을 겁니다. 감귤 밭 가장자리에 키 큰 삼나무를 심어놓은 것도 바람을 막기 위해서입니다.

사람들이 여행을 많이 오는 때는 대개 바람이 잔잔한 5월이나 10월 무렵입니다. 또 여름에는 제아무리 바람이 세다 해도 따뜻한 바다에 몸을 적시며 잊고 지낼 수 있습니다. 하지만 이것만으로 제주도의 날씨를 단정해선 안 됩니다.

이주 첫 해에 날씨로 고생하는 사람들이 많은데, 심한 습기와 바람 때문입니다. 기온이 영하로 내려가는 날이 거의 없고, 눈이 무릎까지 쌓이도록 내려도 두어 시간이면 햇볕에 말끔히 녹아버리지만, 바람 탓에 체감온도는 영하로 내려갑니다. 그러나 태풍이 지나가고 난 뒤인 10월과 11월에는 제주도가 그야말로 환상의 섬이 됩니다. 날씨가 가장 좋은 때이지요. 하지만 그 좋은 가을마저 육지보다 짧습니다.

쾌적함과 안락함을 기대하며 제주도를 찾는 50, 60대 가족을 많이 봅니다. 저도 여기에 속하고요. 그런데 의외로 30대의 제주도 이주자가 많습니다. 삶의 의미를 일찍이 깨달은 것인지, 아니면 힘든 도시 생활에서의 불투명한 미래를 일찌감치 벗어던지고 새로운 세상을 희구해서인지……. 결국 두 이유가 비슷한 것이지만요. 만일 제가 30대에 제주도가 좋다는 것을 알고 이주를 생각했다면 어땠을까, 하고 생각해봅니다.

우선 아이 교육을 염려할 것 같습니다. 그래서 제주도를 단념했을지도 모릅니다. 하지만 이는 기우에 불과합니다. 제주도 학생들의 수능 시험 성적은 전국 상위권이라고 합니다. 공부에 방해가 될 만한, 아이들을 유혹하는 것들이 육지의 대도시보다 훨씬 적기 때문이 아닐까 생각해봅니다. 또 학교와 주변 환경이 대도시와 무척 다릅니다. 교내 폭력 서클이라든가 왕따 등이 제주도엔 아직 상대적으로 적습니다. 성실하고 순한 부모, 특히 생활력과 자립심이 강한 어머니를 둔 아이들이라 바르고 순합니다. 사람은 자연을 닮는다더니 아이들이 대도시보다 때가 훨씬 덜 묻은 것이 꼭 제주도의 자연과 닮았습니다.

그리고 규모는 작아도 도서관이 많습니다. 게다가 제주도의 웬만한 학교에는 운동장에 잔디가 깔려 있습니다. 특히 서귀포 쪽 학교에는 대부분 인조 잔디가 아닌 천연 잔디가 깔려 있습니다. 학교에서 누릴 수 있는 문화적 혜택도 학생 수를 고려해 따져보면 제주도가 대도시보다 훨씬 풍족할 것이라고 확신합니다. 공부하기 좋고 뛰어놀기 좋고 취미생활 하기도 좋은 제주도의 이런 환경은 지방이기 때문에 교육 여건이 좋지 못할 것이라는 염려를 불식시켜주기에 충분합니다. 문제는 부모가 할 일이지요.

제주도가 좋아 이주해온 L씨는 아이들이 커가면서 교육을 책임지고 있는 아내의 의견을 따를 수밖에 없었습니다. 그래서 최근 한적한 성산을 떠나 제주시로 이사해야 했습니다. 아파트가 밀집한 제주시 연동 같은 곳은 서울의 대치동처럼 학원이 꽉꽉 들어차 있습니다. L씨는 제주도에 와서도 서울에서와 마찬가지로 아이들을 학원에 실어다주는 운전사 노릇을 해야 하냐며 울상입니다.

하지만 이는 소신이 없기 때문입니다. 남들처럼 안 하면 불안하기 때문입니다. 그러면 감수성 예민한 아이들은 더 혼란스러워질 수 있고 성적도 떨어질 수 있습니다. L씨 가족은 애초에 제주도에 오지 말았어야 합니다. 분명한 소신은 제주도 이주의 필수 요건입니다. 교육에 대한 흔들림 없는 소신을 이주 계획을 세울 때부터 확실하게 다져야 어린 자녀들의 혼돈을 막을 수 있습니다.

반면 한경면 중산간 지역에 4년째 살고 있는 C씨는 제주도의 교육 환경에 아주 흡족해합니다. 학교까지 걸어서 거의 한 시간, 매일같이 왕복 두 시간을 길에서 낭비(?)해야 하는 C씨의 초등학생

아이들과 함께 건강하게 웃으며 지낼 수 있어 더없이 즐거워요

아들에게 힘들지 않느냐고 물었습니다.

"아니요."

단호합니다.

"걸어오면서 풀벌레랑도 놀고 아주 좋아요."

"매일 좋단 말야?"

"매일매일 다른 벌레들을 보는걸요?"

처음 보는 제게 밝은 미소로 인사하던 이 아이의 표정은 참으로 해맑았습니다. 예의도 무척 발랐습니다. 농사를 짓고 사는 C씨는 서울에서 대학을 나오고 미국 유학을 다녀와 10여 년간 서울의 증권회사에서 일하며 소위 엘리트로서 안정적인 생활을 누렸다고 합니다.

"흙냄새가 정말 좋습니다."

이 말에 저는 삐딱하게 되물었습니다.

"부모가 너무 일방적으로 아이들의 미래를 결정짓는 건 아닐까요?"

아빠처럼 농부를 시킬 거냐고도 물었습니다. 그는 이 점을 최우선으로 고려했다고 합니다. 결국 부모의 뜻이 아이들을 더 건강하게 할 수 있다고 보았기에 제주도로의 이주를 결정했다고 합니다. 4년이 지났지만 아내도 전혀 불만이 없다고 합니다.

"읽고 싶은 책 다 사볼 수 있고 인터넷 다 되고, 여기라고 도시에 뒤떨어질 건 없어요. 도시 아이들에 비해 경쟁심이 약할는지는 몰라요. 하지만 맹목적인 경쟁을 겪어본 우리 부부로서는 그러한 경쟁이 결코 바람직하지도, 특히 아이에게는 좋지 않다고 보거든요. 무엇보다 아이들과 대화할 시간이 많아서 좋아요. 그리고 어릴 땐 이렇게 널찍한 마당에서 맘껏 뛰놀아야죠. 아이들과 함께 건강하게 웃으며 지낼 수 있어 더없이 즐거워요. 서울에선 이러지 못하고 살았거든요."

옳고 그름은 삶을 대하는 태도에 따라 가늠되고 가름되겠기에 똑같은 여건과 상황이라도 누구에게는 천국일 수 있고 누구에겐 지옥이 될 수도 있었습니다.

20~40대 여성 넷이 제주도로 귀농해 한데 모여 살고 있습니다. 이들과 조금 가까워지자 짓궂은 농담을 건넸습니다.

"그래도 손톱의 때는 좀 빼고 살아야 하지 않겠어요?"

사실은 때가 아니라 흙이었습니다.

"이런 거 우린 상관 안 해요. 그래서 여기 온 건데요."

해녀학교도 다니고 취미생활에도 열성입니다. 그런데 40대 여성은 몸이 더 야위어만 갑니다.

"몸이 아직 적응을 못 하고 있나 봐요. 곧 괜찮아질 거예요."

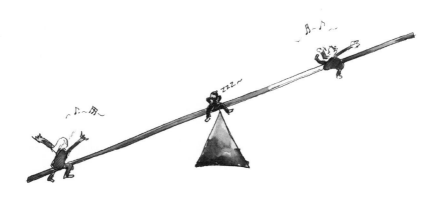

열정과 냉정이 균형을 이루어야 합니다

몇 달 뒤 20대 여성에게 들은 이야기입니다.

"그 언니가 외로움을 너무 많이 타더라고요."

자연이 좋아서 왔지만 아직 스스로 마음을 다스리지는 못하고 있다는 얘기입니다. 다른 사람들은 어떤지 물어봤습니다.

"준비가 필요했는데……."

남들보다는 준비 기간이 길었던 편이고 계획을 꼼꼼히 세웠기 때문에 뜻을 함께해 제주도로 올 수 있었답니다. 하지만 열정만 챙겼던 모양입니다. 열정과 함께 냉정도 챙겼더라면 그 준비가 좀 더 철저하지 않았을까요?

"비행기로는 한 시간도 안 되는 짧은 거리지만 그래도 제주도는 섬이더라고요. 가고 싶다고 그때마다 가족이나 친구에게 훌쩍 다녀올 수 있는 곳은 아니더라고요."

그래서 이들은 곧 지리산으로 옮길 예정이라 합니다. 고향, 가족, 친구와 붙어 있는 육지로 떠난다고 합니다.

서울과 울산에서 대기업 사장을 지낸 60대 초반의 L씨를 처음 보았을 때 제주도가 참 어울리는 분이라 생각했습니다. 고등학교 때부터 불었다는 하모니카는 정말 일품입니다. 그뿐 아니라 웬만한 관악기는 다 수준급으로 다룹니다. 그야말로 풍류를 즐길 줄 아는 분입니다. 풍류에 술이 빠질 수 없으니 거의 매일같이 술 마시는 모습을 보게 됩니다. 그런데 풍류에 술이 곁들여지는 건지 술을 위해 풍류가 들러리를 서는 건지 분간할 수 없을 정도로 그의 생활은 무질서해져갔습니다. 그는 가지고 있던 돈을 제주도에 다 뿌렸다고 자랑처럼 말하지만 추하게만 들립니다. 집을 팔고 다른 곳으로 이사할 준비를 하고 있는 그는 "연금으로도 충분히 살 수 있는 곳이 제주도 아닌가?"라고 합니다. 맞긴 맞습니다. 제주도에선 도시만큼 생활비가 많이 들지는 않습니다. 하지만 여기서도 생활의 짜임새는 중요합니다.

돈이 없더라도 싸고 맛 좋은 제주 막걸리만으로도 충분하지요. 하지만 돈 안 들인다고 안주도 없이 술만 마셔댄다면 몸이 견뎌낼까요? 몸이 견뎌준다 하더라도 가족들이 그를 온전하게 봐줄 수 있을까요? 그는 애써 키운 두 딸이 전화조차 안 한다고 불평합니다. 한 달에 한 번 서울에서 내려와 청소와 빨래를 해주고 가던 아내마저 뜸하더니 이내 이혼했다는 소리가 들립니다. 술은 더더욱 늘어만 갑니다.

후회하지 않으려면 열정과 함께 냉정도 가슴에 품어야 합니다. 열정과 냉정을 스스로 흥정하는 지혜가 무엇보다 필요합니다. 최근 L씨에게서 좋은 소식이 들려옵니다. 살던 곳에서 먼 조천으로 옮긴 뒤 술을 끊고 제주시에 있는 문화센터에서 기타를 배우고 있다고 합니다. 그에게 전화가 걸려왔습니다.

"조금만 기다려. 이제 내가 노래 불러줄 테니까. 물론 기타 치면서!"

삶의 소비자가 아닌 조금씩 삶의 프로듀서가 되어가는 모습에 저도 무척 기뻤습니다. 이렇게 되기까지 그는 8년이 걸렸습니다. 다행이었습니다.

제주도의 입시학원

제주시에 신흥 교육 지구가 만들어지고 명문학교(?)가 생겨나고 있습니다. 이곳
엔 서울의 대치동처럼 입시학원들이 즐비합니다. 외지인들이 자녀 교육을 우려
하여 모여들었기 때문이 아닐까 추측해봅니다. 이들에게 묻고 싶습니다. 왜 제
주도에 왔느냐고요. 그러려면 서울의 강남에서나 살 것이지 왜 제주도에 강남
을 만들어 그런 것 없이도 잘살고 자녀들 잘 키워온 제주도 사람들을 혼란하게
만드느냐고 따지고 싶습니다.

이런 현상에 제주도 사람들이 휩쓸리는 걸 종종 보았습니다. 하지만 별로 따라
할 만한 것도 못되는 남을 흉내 내는 일에 불과합니다. 시늉은 잘해봐야 자신을
주변인으로 만들 뿐입니다. 서울 강남과는 비교도 할 수 없는 제주도의 자연과
문화를 사랑스럽고 소중한 자녀에게서 빼앗는 것입니다.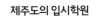

지꺼진 삶을 위해

제주도가 좋은 가장 큰 이유는 자연 때문입니다. 삶은 점점 힘겨워
지는데 무진 애써도 사람 사는 세상의 희망을 찾기가 어려워지면
서 허망한 가슴을 자연으로 채우려는 게 아닌가, 그래서 도시 사람
들에게 자연이 돋보이는 건 아닌가 싶습니다. 차라리 희망이고 뭐
고 다 버리고 공기 좋고 물 좋은 곳에서 맘 편히 살아보자 하는 마
음 말입니다. 어떤 면에서는 이것도 도피입니다. 도피는 자기 삶의
주인공이 되어야 할 자신을 스스로 소외시키고, 자기 삶에서 자신
을 단역 배우로 만들고 타인을 주인공으로 세우는 바보 같은 짓입
니다. 마냥 손님으로 살다 가는 게 삶은 아니지 않은가요? 이왕 제
주도에 오려거든 능동적인 마음과 자세를 가져야 합니다. '이곳을

삶의 주인공에게 제주도는 축복의 땅입니다

내 삶의 터닝 포인트로 삼을 거야!' 이런 말이 자기 입에서 절로 나올 때 제주도로 오세요. 그러면 제주도는 당신을 환영해줄 것이며 당신에게 축복의 땅이 되어줄 것입니다.

제주도는 한반도를 그대로 축소해놓은 곳이나 다름없습니다. 남북으로 그리고 동서로 나뉜 지리적 특성이 이념적, 감정적 대립으로 갈라져 있는 한반도와 사뭇 비슷합니다. 다만 한반도의 지역 갈등은 순전히 정치인들의 야욕이 지역을 볼모로 대립을 조장한 탓이 크지만, 제주도는 각 지역의 기후나 토양이 다른 까닭에 저마다의 특성이 생겨났습니다. 그런데 서로 상대의 특성을 충분히 이해하지 못한 것이 반목으로 번졌다고 봐도 틀리지 않을 겁니다. 여기에 역사적 사건들이 더해지면서 이 섬에서도 지역감정이 자라나게 되었습니다.

타원형의 제주도 지도를 펼쳐 보면 한가운데에 한라산이 버티고 있습니다. 한라산을 기준으로 산북과 산남으로 나뉘는데, 이러한 지리적 나뉨이 곧 소통의 단절로 이어졌습니다. 서울도 강북과 강남으로 나뉘듯이 제주도도 산북과 산남의 구별이 있습니다. 산북은 육지와 가깝기에 예부터 육지와의 왕래가 산남보다는 잦았습니다. 그래서 산북은 일찍부터 제주도의 중심지로 자리 잡았고, 그 덕에 경제적으로 더욱 풍족했습니다. 그러다 보니 소외된 산남 지역을 산북 지역 사람들이 얕잡아 보는 경향이 짙었습니다. 하지만 최근 20여 년 동안 산남 지역 주민들이 감귤 농사의 수입과 양어장, 양식장 등의 수입이 늘면서 두 곳 사이의 반목은 옛일이나 따지기 좋아하는 어르신들 사이에서나 존재할 뿐 차츰 사라지는 듯합니다.

제주도 서남부에 위치한 대정과 고산 지역은 제주도에서 가장 바람이 센 곳입니다. 이 바람을 견디고 헤치며 살아온 사람들은 강해질 수밖에 없었을 겁니다. 이들의 강한 생존력과 생활력을 장점으로 여기고 칭찬해야 마땅할 텐데 다른 지역 사람들은 이들을 독하고 드세다고 폄하합니다. 자기보다 경제력이나 사회적 지위가 낮다 싶은 사람을 무시하며 자기 얼굴을 세우려는 우리 국민의 못난 성향과 같습니다. 대정과 고산 지역 사람들에겐 셋방을 내주지 않는다는 얘기도 종종 들립니다.

물론 차이가 없는 건 아니지만 대정이나 서귀포, 동쪽의 성산이나 북쪽의 제주시 모두 육지에 비하면 바람이 센 곳이라 그 지역들만 바람이 세다고 할 수도 없습니다. 제주도 남쪽의 서귀포를 기점으로 위미까지는 그나마 제주도에서 바람이 덜 센, 그래서 따뜻한 지역이기는 합니다. 이곳은 감귤도 당도가 더 높지요. 그러나 여기서 3년 넘게 살고 있는 제 입에서는 지금도 "바람 때문에 못 살겠어"라는 말이 나옵니다. 지역마다 편차가 좀 있을 뿐 바람은 제주도 어디에서나 흔합니다.

문제는 무턱대고 특정 지역민을 폄하하며 제주도를 가르려는 사람들입니다. 그러한 폄훼 의식은 제주도만이 아니라 우리나라에서 제발 사라져야 합니다. 아무런 근거도 없이 어느 지역 사람들을 싸잡아 비하하고 차별하는 행위는 저 스스로를 욕보이는 짓임에도 불구하고 우리 주변에선 아주 버젓이 일어납니다. 이 또한 강자의 횡포이지요. '이유 없이 싫어!'라는 말이 얼마나 저 스스로를 깎아내리고 한심스럽게 만드는지 모르는 걸까요? 아니면 알면서도 더 악의적으로 그러는 걸까요? 안타깝기 그지없습니다.

아무튼 바람 센 대정에서는 제주도에서 보기 힘든 황토를 볼 수 있습니다. 그 땅에 마늘, 양파, 감자, 고구마 등을 심습니다. 흙이 없고 물이 고이지 않아 척박한 제주도에서 밭농사를 지을 수 있는 거의 유일한 곳입니다. 돌담 경계의 밭 사이로 마늘대가 올라오고, 둥근 파꽃이 영글고, 흰 감자꽃이 흐드러지고, 자줏빛 줄기 위로 흰 메밀꽃이 모여 어우러지는 정경을 바라보노라면 마음이 절로 편해지고 얼굴에는 미소가 그려집니다. 잠깐 보고 있는 나도 이러한데 이곳에서 살고 일하는 사람들의 마음은 얼마나 넉넉하고 아름다울까, 이렇게 볼 수는 없는 걸까요? 바람이 센 지역이라는 한 면만 보고 독하다느니 드세다느니 해서는 안 될 것입니다.

이곳에 모슬포라는 포구가 있습니다. '사람이 못살 곳이라 해서 포구 이름도 그렇게 붙여졌다'는 말을 타 지역 사람에게서 들은 적이 있습니다. 그래서 그곳 사람들이 독한 거라는 설명도 뒤따랐습니다. 재밌는 이름이라 생각했는데 알고 보니 그게 아니었습니다. 가까운 곳에 모래(모래의 제주도 사투리가 '모살' 또는 '몰레')가 많아 '모살개'라 불리는 해변이 있습니다. 그리고 거기서 '모슬포'라는 이름이 유래했던 것입니다. 우스갯소리라 해도 악의가 서려 있으면 무조건 따라 웃을 수만은 없는 법입니다. 제주도에서만이라도 지역감정이 섞인 말은 사라졌으면 좋겠습니다. 그래야 제주도가 더 살기 좋은 포근한 곳이 될 것입니다.

제주도로 이주하려는 사람들은 대부분 바닷가를 선호합니다. 그러나 여기서 3년을 살아보니 습기나 바람 등 여러 이유로 바다를 떠나고 싶은 마음이 간절해집니다. 무엇보다 매일 보는 바다는 사람을 질리게 합니다. 한두 번 볼 때야 가슴이 탁 트이고 좋지만 별 움직임이 없는 멀고 긴 수평선만 내내 바라보고 있으면 무척 따분해집니다. 심리학자들도 그랬다지요? 강가나 바닷가에 사는 사람들이 우울증에 걸리기 쉽다고요. 결국 사람은 호흡을 같이 할 수 있는 나무 많고 흙냄새 물씬 풍기는 산을 찾게 된다고 합니다. 바닷

모슬포 포구

가를 떠나는 것이 건강에도 좋습니다. 해풍의 소금기가 암 예방에 좋다는 이야기를 들어보긴 했지만 일반적으로 바닷가에서 사는 것은 건강에 참으로 유해합니다. 그래서 바닷가에서 평생을 살아온 현지인들도 기회만 된다면 바닷가를 벗어나고 싶다고 말합니다.

바닷가를 끼고 도는 올레길은 며칠간의 여행지로는 훌륭하나 살 곳으로는 빵점, 아니 마이너스 점수입니다. 게다가 바닷가의 땅값이 올레길 유행을 타고 천정부지로 오른 상태이기도 합니다. 펜션이나 게스트하우스를 운영하는 사람들 대다수도 사업상 어쩔 수 없이 그곳을 지킬 뿐입니다.

그럼에도 여전히 제주도가 육지와 차별되는 점이 있다면 어디에나 아름다운 바닷가가 가깝다는 것입니다. 언제라도 어렵지 않게 탁 트인 푸르고 투명한 바다를 볼 수 있다는 건 매우 매력적인 장점이 아닐 수 없습니다.

붙박이로 살아야 하는 곳을 일시의 취향으로만 선택하면 반드시 후회하게 됩니다. 거듭 말하지만, 삶은 여행과 다릅니다. 전혀 별개입니다. 하지만 조금만 더 이성적으로 접근한다면 제주도에서 '여행 같은 삶'을 사는 것도 충분히 가능합니다.

아무래도 섬이다 보니 때로는 제주도가 좁게 느껴지기도 합니다. 이런 이유로 답답해질 때면 제주도가 마음에서 멀어지기도 합니다. 그럴 때 저는 육지에 다녀옵니다. 단번에 비행기로 넘어가지 않고 배 타고 육지로 넘어가 기차를 타고 서울로 향합니다. 이렇게 한 번 육지로 건너갔다 오면 이곳 제주도가 얼마나 아름답고 깨끗하며 살기 좋은 곳인지 새삼 깨닫게 되면서 떠나기 전의 답답함이 해소됩니다. 비교는 별로 바람직하지 않은 방법이지만 자기와 자기의 것을 제대로 비춰주는 거울이 되기도 하기 때문에 저는 이따금 이 방법을 이용합니다. 그래서 그런지 "육지엔 못 가겠어. 거기 가선 이젠 못 살겠어" 이런 말을 입에 달고 사는 이주민이나 제주 토착민이 매우 많습니다.

'알면 보인다'는 당연한 진리는 제주도에도 적용됩니다. 진리는 어디에서든 진리이니까요. 알고 오세요. 알고 오지 않으면, 사랑한다면서도 떠나게 된답니다. 순수하고 뜨겁던 사랑으로 시작했음에도 불구하고 말입니다. '지꺼진'은 '신명 나는'이라는 뜻의 제주도 사투리입니다. 지꺼진 삶을 위해서는 순수해야 하는데, 그 순수함이 바로 '제주도다움'입니다. 제주도다움을 잃으면 떠나겠지요.

제주도 삼나무

제주도는 매우 습한 곳입니다. 습하기에 곰팡이가 많이 생깁니다. 다행히 제주도에는 습기를 머금는 송이와 화산석 등이 흔합니다. 화산석으로 지은 돌담집도 많습니다. 그러나 최근에는 돌담집이 시멘트나 조립식 주택 등의 건축물로 대체되고 있습니다.

또한 제주도에는 삼나무 숲이 많습니다. 다른 나무보다 습기에 강한 삼나무는 화산석과 같이 습한 공기를 빨아들이고 내뱉기도 하며 습도를 조절해줍니다. 그런데 삼나무를 제주도 사람들은 실생활에서 제대로 활용하지 못하고 있습니다. 나무가 무르기 때문에 가구로 만들어 쓸 수 없기 때문입니다.

습한 제주도에 더 유용한 삼나무는 엉뚱하게도 4대강 개발을 위해 벌목되어 육지로 유출되었다고 합니다. 이런 일이 다시 생기지 않도록 해야 합니다. 제주도 삼나무의 가치를 바로 알고 지켜야 합니다.

먼 곳을 돌아온 연어처럼

귀소본능이라고 하나요? 연어나 철새, 게들은 자기가 태어난 곳으로 찾아가는 본능이 있다고 합니다. 사람에게도 그러한 본능이 없지 않은 듯합니다. 가깝게는 세상에 나오기 전 머물렀던 어머니의 자궁을, 멀게는 원시시대에 조상들이 살았다는 동굴을 우리 몸은 잠재의식에 품고 있다고 합니다. 자궁이나 동굴처럼 캄캄한 곳에 홀로 있으면 불안하기도 하지만 귀소본능 때문인지 그런 곳을 우리 스스로 요구할 때도 있다고 합니다. 또한 그때는 불안보다는 오히려 안정과 평온을 느낀다고 합니다. 어릴 적 홀로 어두운 이불장 속에 숨어 있다가 잠이 들거나 책상 밑에 기어들어가 꼼짝 않고 있던 기억이 있습니다. 그때 이불장과 책상 밑이 엄마의 뱃속이 되어

자기가 태어난 곳으로 찾아가는 본능이 있습니다

준 것이 아닐까요? 연어나 게들이 자기가 태어난 곳으로 찾아가는 것과 비슷한 게 아닐까요?

제주도의 자연을 찾아온 많은 사람들에게 고립을 즐기는 이러한 성향이 보입니다. 한가하고 한적한 환경을 바라는 것도 이러한 성향과 무관하지 않습니다. 어찌 보면 이 또한 귀소본능 같은 게 아닐까요? 우리는 참으로 번잡하고 번거롭고 시끄럽고 요란스러운 곳을 우리의 삶의 터로 알고 어찌 됐든 그 속에서 복작거리며 나다분하게 살아가고 있습니다. 그로부터 도피하기 위해, 일탈하기 위해 우리는 여행을 떠납니다. 삶의 터전을 몽땅 버리고 떠날 수는 없기에 짧은 시간만을 떼어내어 속세의 저잣거리를 벗어나 봅니다. 그러다가 좀 더 용기를 내어 그 기간을 연장해보려 하는데, 그래서 선택한 곳이 제주도라면, 당신은 지금 꽤나 혼자이고 싶거나 적어도 둘만 있고 싶은 것일는지도 모릅니다. 어머니의 자궁 속으로, 깜깜한 동굴 속으로 자기 몸을 깊숙이 밀어 넣고자 하는 당신의 잠자는 본능이 깨어나고 있는 중일는지도 모릅니다. 짧게는 수백 킬로미터, 길게는 수만 킬로미터를 떠나온 연어가 당신일 수 있습니다. 제주도를 선택한 것이 아니라 가야 할 곳으로 회귀하고 있는 것인지도 모릅니다.

제주의 한 대학교에 교환교수로 와 1년 동안 제주시에 머물고

올레길 이정표

있는 K씨는 제주도를 돌아다니기보다는 주로 시내에만 머뭅니다.

"혼자인 것만으로도 좋잖아요?"

혼자 힘들지 않느냐, 아내가 종종 건너오느냐, 서울에는 자주 가느냐, 하는 저의 의례적인 질문에 그는 "아내도 자기 생활을 해야지요"라고 답합니다. 아내가 아닌 자기의 시간을 고집하는 말입니다. 참 이기적이라는 생각이 들다가도 이해가 됩니다. 곧 교수직도 그만둘 나이에 접어든 장년의 그는 교내의 원룸에서 제주도에서의 1년 휴가를 다 보내고 있습니다.

"올레길에 문제가 있더군요. 바다만 끼고 마냥 걸으니 더 우울해지더라고요."

같이 걷자는 저의 제안을 뿌리치고 그는 자신의 자궁, 원룸 속으로 삼다수만 잔뜩 사 들고 들어갔습니다.

바다가 가까운 저희 집 근처에는 두 소설가가 있습니다. 한 명은 몸까지 다 옮겨와 살고 있는 P씨이고, 또 한 명은 가끔 제주도 별장에 머물다 가는 Y씨입니다. 두 사람은 나이가 엇비슷합니다. 유명세로 보면 Y씨가 훨씬 앞서서 돈도 꽤나 벌고 있다고 합니다. 서울에서 큰 식당을 꾸려 나가고 있다 하니 소설가라기보다는 사업가인 셈이지요. 이곳도 그의 여러 별장 중 하나라고 합니다.

그런가 하면 예순이 넘은 P씨는 손님의 오줌까지 받아 모아 거름을 만들어 텃밭을 가꿉니다. 채소를 키우는 재미가 쏠쏠하다며 방금 거둬온 푸성귀를 반찬으로 내놓습니다.

"언제 내가 직접 요리해보고 살아봤나? 근데 해보니까 요리도 아주 재밌네. 뭐 어려울 것도 없고, 있는 것 가지고 버무리고 이것 저것 넣어서 끓이고 하면 되거든. 요리? 별거 아닌 것 가지고 왜들 그리 가르치느니 배우느니 야단인지 모르겠어. 그래서 나온 말인 가 봐. '요리조리' 말일세. 요리라 하고 조리라 하지 않나."

지금의 유기농 삶이 소설의 소재가 되고 있다며, 삶이 소재까지 바꿔준다고 너스레를 떱니다. 이런 중에도 바지런히 글도 쓰고 자전거를 타고 바다며 동네며 마실을 다니면서 제주도를 즐깁니다.

반면 Y씨의 별장은 언제나 문이 닫혀 있습니다. 위미항에 정박해 있는 두 개의 호화 요트와 같습니다. 좀 더 큰 요트는 H그룹 회장의 것이고, 조금 작은 요트는 어느 종교인의 것이라는데, 바다로 나가야 할 요트가 늘 항구에 붙박여 있는 모습이 안쓰럽기만 합니다. Y씨의 별장도 그렇습니다. 어쩌면 두 소설가는 각기 다른 성향을 가지고 제주도를 즐기는 것인지도 모릅니다. 자기 자신을 고립시키며 사는 게 즐거운 사람이 있는가 하면, 집이나 요트 같은 부동산을 소유해야 즐거운 사람도 있습니다.

"여기 애들은 수준이 낮아!"

고등학교 3학년인 H씨의 아들은 3년 전 제주도로 왔는데, 제주도에서 만난 친구들과 대화가 되지 않는다고 합니다. 아무래도 이전에 살던 서울의 강남과는 환경도 많이 다를 테고 학생들의 관심사나 의식도 다를 수밖에 없을 텐데, 너무 자만하며 제주도 아이들을 무시하는 건 아닐까 하고 지레짐작했습니다.

수능 시험을 보고 온 날, H씨의 아들은 아버지에게 아직 무엇을 공부해야 할지, 어떤 직업을 가져야 할지 결정을 못 했고 성적도 좋지 않으니 먼저 군대에 다녀오겠다고 했답니다. 그것도 해병대로. 그에게 물었습니다.

"연예인 따라 해병대에 지원하겠다는 애들이 많다며?"

그는 버릇없이 들릴지도 모를 대답을 합니다.

"어른들은 왜 우리가 유행만 좇는다고 싸잡아 생각하는지 모르겠어요."

그러나 예의를 갖추지 못한 건 어린 그가 아니라 어른인 저였습니다. 무례한 건 저의 선입관과 단정하려드는 오만함이었습니다. 나중에 H씨에게서 이런 이야기를 들었습니다.

"아들 녀석을 보노라면 제주도에 오길 정말 잘했다는 생각이 들어요. 무언가 스스로 하려는 자세를 갖게 됐으니까요. 서울에서 계속 살았더라면 결코 불가능했을 일이지요."

　당장은 남보다 뒤떨어질지 모르나 아들의 자립심으로 충분히 만회할 것이라며 아버지는 아들을 신뢰합니다.

　H씨의 아들이 이곳 학생들의 수준이 낮다고 한 것은 자기 지역만 알고 그것이 최고인 양 말하는 제주 친구들의 태도 때문이었습니다. 문화적으로나 경제적으로나 제주도 내에서 기득권을 쥐고 있는 사람들이 스스로를 제주도 안에 함몰시킨 채 그 안에서 우월감을 느끼며 자위하는 경향이 있습니다. 이것이 어린 학생의 눈에도 보였던 것이지요. 외지인에게 '너희들이 뭘 알아?' 하는 태도는 좋든 나쁘든, 고급이든 저급이든 남의 것은 받아들이려 하지 않는데에서 기인합니다. 사실 이 또한 한국인 전반의 특성인데, 그간 저도 깨닫지 못하고 살아온 걸 제주도에 와서야 알게 되었습니다. 고립은 우물 안 개구리를 낳기 십상입니다. 고립이 독립이나 자립과 다른 이유가 바로 여기에 있습니다. 우물 안 개구리 같은 제한된 사고가 제주도의 올바른 발전을 막고 있다는 지적을 제주도 사람들에게서도 자주 듣습니다.

　육지의 대도시에서 문화기획자로 일하던 O씨의 딸은 제주도에 와서 다니던 고등학교를 그만두었습니다. 일찌감치 연극이나 영화를 하고 싶었던 O씨의 딸은 고등학교 졸업장이 필요 없다고 생각했고, 이에 대해 엄마인 O씨도 '네 맘대로 하라'고 했다 합니다. 오빠 역시 고등학교를 중퇴하고 군대에 가 있다고 합니다. 스무 살인 딸은 연극에 대한 열정이 대단했습니다.

사이좋은 모녀인 줄로만 알았는데 어느 날 딸에게서 무척 놀라운 말을 들었습니다.

"엄마가 말하는 방목식 교육, 저도 마음에 들었어요. 처음엔 좋았죠. 그런데 몇 년 지나고 보니 엄마의 방목은 목동 없는 방목이었던 거예요. 엄마는 제주도의 거물들을 만나고 다니며 매일 밤 술 마시고 늦게 들어오니 그 삶이 만족스러운가 본데, 제 눈에는 무책임해 보이기만 해요. 적어도 우리 두 남매에 대해서는요. 늘 많은 사람과 어울리며 웃고 떠드는 엄마가 집에만 오면 우리에겐 말이 없어요. 우울증 같아요."

제주도에 온 햇수로 보면 H씨나 O씨나 비슷합니다. 두 사람의 나이도 비슷하고 아이들의 나이까지 비슷합니다. 자식 교육에 관해서는 둘 다 자유롭게 키우자는 입장이지만, 한쪽은 대화를 매우 즐기는 반면 한쪽은 대화가 거의 없습니다. '목동 없는 방목'이라는 O씨의 딸이 한 말을 다시 되새겨봅니다. 어느 날 O씨의 딸은 술 마시고 들어온 엄마를 껴안고 노래를 불렀답니다. "먼 옛날 어

방목은 방임과 다릅니다

느 별에서 내가 세상에 나올 때 사랑을 주고 오라는 작은 음성 하나 들었지……." 노래를 다 듣더니 엄마는 평소 안 하던 욕까지 하더랍니다. "시끄러, 이년아! 백만 송이 좋아하시네!" 엄마는 곯아떨어져버렸고 딸의 두 눈에선 눈물이 흘렀습니다. '제주도에 와서는 안 되는 것이었는데…….' 제주도가 엄마에겐 환각제 또는 진통제일 뿐이었습니다.

육지것, 섬것 그리고 조냥정신

"여기까지 와서 뭐 그럴 필요가 있나?"

제주도로 건너온 한 전직 언론인은 좋은 게 좋은 것 아니냐며 한데 아우러져 살자는 취지로 이렇게 이야기하곤 했습니다. 하지만 이제 제주도에서 1년 정도를 지낸 그는 이렇게 이야기합니다.

"사람들과 터놓고 살아보니 아주 형편없이 막 대해오더군! '미안합니다, 죄송하게 됐습니다' 이 한마디조차 할 줄 모르는 사람들과 여기까지 와서 섞여 살 이유가 없지 않은가? 어디나 유유상종, 끼리끼리 모이나 보네."

제주도로 이주해온 상당수가 1, 2년 사이에 겪는 일입니다. 이를 스스로 극복하지 못하면 제주도는 자기 자신을 고립시키는 외로운 섬이 되기 쉽습니다. 이를 극복한답시고 유유상종인 육지인들끼리 모여 사는 동네도 생겨나고 있지만 이 또한 집단적 고립이라고 할 수 있습니다. 배타와 배척은 마음을 닫는 데서 비롯됩니다. 또한 상대를 무시하는 몰이해에서 시작됩니다.

"제주도 냄새를 맡아라. 그리고 알려고 하라!"

서귀포에서 20년째 식당을 운영하고 있는 L씨는 식당에서 외지인들을 자주 만납니다.

"제주공항에 도착하면 '이게 무슨 냄새야?' 하는 이들이 많아요. 서울 같은 대도시에서는 맡아보지 못한 냄새일 테니까요. 아마도 바다의 비릿한 냄새일 겁니다. 대개가 공기는 좋다고들 하지만 더러는 이 냄새를 불편하다고 느끼는 모양이에요. 그런데 이게 제주도 폄하로 이어지더군요. 폄하는 자기 것만이 최고라고 생각에서 나오는 것인데, 제주도가 좋다며 온 사람들 중에서도 그런 사람들이 은근히 많습니다. 남을 낮추면 자기가 높아진다고 생각하는 못난 의식이죠."

제주도에서는 '육지것', '섬것'이라는 단어가 아직도 종종 쓰입니다. 제주도 토착민들의 3분의 1 정도가 4·3 사건의 희생자이기에 육지의 권력이 저지른 학살에 대해 피해의식과 트라우마를 가질 수밖에 없습니다. 60여 년이 지난 일이라며 육지 사람들이 생각

없이 말할 문제가 아닙니다. 여전히 이어져 내려오는 학살의 아픔을 못 본 체하고 과거의 일로만 치부하는 것은 또 다른 학살이 될 수 있습니다. L씨는 말합니다.

"광주도 그렇고, 피해자보다 가해자가 더 당당한 이상한 나라에 우리가 살고 있어요. '육지것'이란 말은 분명 잘못되었지요. 하지만 제주도를 조금만 이해한다면 '섬것'이라고 맞받아 대응하지는 않을 거예요. 여기 제주도 사람은 이 섬이 고향이자 삶의 터전이기에, 훌쩍 찾아와 보고 훌쩍 떠나는 육지 사람들과는 다를 것 아닙니까? 제주도가 좋아 오시는 분들께, 특히 살러 오시는 분들께 부탁 하나 드리고 싶어요. 부디 자연만 보고 오지 마세요. 여기도 사람이 사는 곳이에요. 돈을 주고 자연을 살 순 있어도 사람과의 나눔은 결코 살 수 없어요. 먼저 제주도를 깊이 이해하는 마음이 필요해요. 제주도에 관심을 갖고 좀 더 알고 와주시면 고맙겠습니다."

그는 제주도가 '평화의 섬'이라고는 하지만 앞으로 갈등의 섬, 전장의 섬이 되지 않을까 걱정스럽다고 덧붙입니다.

"강정해군기지만이 문제가 아니에요. 사람들 사이에 갈등이 생겨나고 있는데 이게 더 두렵고 무서워요."

그가 '조냥정신'을 들려줍니다. '조냥정신'이란 서로 나누고 베푸는 마음으로, 먹을 것 없던 어려운 시절에 음식을 나눠 먹던 제주

도민의 풍습에서 나온 말이라고 합니다. '조냥하다'는 물건을 아껴서 낭비하지 않는다는 제주도 사투리입니다. 그러나 이 풍습이 차츰 사라지고 있다고 합니다. 옛 풍습이 사라지는 것으로만 그치지 않고 그 자리에 오히려 자기 것만 아는 이기심이 채워지니 더 걱정이라고 합니다. 같은 이치로 올레길로 제주도가 각광받고 있지만, 올레길로 인해 제주도다움이 급속하게 사라지고 있다고 걱정합니다. 지킬 것을 지켜가며 발전해야 하는데 오로지 개발 일변도의 논리가 제주도에 횡행한다는 것입니다. 결국에는 고유의 좋은 정신도 사라질까 걱정입니다.

"제주도엔 원래 문 대신에 굵은 나무 세 개로 재실, 외출 등을 알려주던 정감 넘치는 정낭이 있었지요. 하지만 정낭이 사라지고 그곳에 철문이 생겨나고 있어요. 낮은 돌담 대신에 높다란 시멘트 블록이 쌓이고 있고요. 없던 도둑도 늘고 있다고 합니다. 우리끼리 살 때 이러지 않았어요. 제발 제주도를 알고 와주면 좋겠습니다. 올레니 뭐니 유행을 하는 덕에 제주도를 찾아오는 분들이 많아 반갑긴 하지만 한편으로는 안타까워요. 그들이 찍어서 올리는 사진 속의 내용이 바로 우리의 생활이자 삶인데, 이것이 동물원의 구경거리 쯤으로 전락되고 있는 것 같아서예요. 육지인들 기념사진의 배경으로 우리의 사생활이 침해당해도 되는 건가요? 시골 섬사람도 자

점점 사라지는 정낭

기 삶이 있고 삶에 자부심도 있습니다."

L씨는 일부 제주도 사람들이 제주도 말을 쓰지 않는 외지인에게는 바가지를 씌운다든지, 유난히 친절을 베풀었다가 결국에는 사기를 친다든지 하는 일이 벌어지고 있음을 잘 안다며 그러한 제주도 사람들을 질타합니다. 그러나 이 또한 세상 어디에나 있는 일입니다. 제주도 이주 3년차인 제가 볼 때는 이주민들의 배타성이 현지 주민들의 그것보다 더 심해 보입니다.

"살러 왔다 하더라도 마음까지 이곳 제주에 두지는 못하는 듯합니다. 그럴 수밖에 없겠지요. 여기서는 이방인, 주변인이라는 생각을 떨쳐낼 수 없을 테니까요. 제주도에 대한 불신의 시작은 바로 정착하지 못하는 마음, 언제라도 떠날 수 있다는 이런 마음가짐에 있는 게 아닌가 싶습니다."

부동산업자 K씨의 말을 더 들어봅니다.

"제주도 사람들이 오라고 부추겼나요? 스스로 선택해놓고 제주도를 탓합니다. 그리고 제주도 사람이 아닌 외지인들이 쓴 책이나 언론을 통해 제주도가 잘못 알려지고 있는 게 많습니다. 제주도를 소개한 책을 읽고서는 모든 걸 정리하고 무조건 내려왔다는 사람을 부동산 사무실에서 종종 만납니다. 이들은 하나같이 얼마 못 가 집을 도로 내놓으면서 제주도를 싸잡아 욕해댑니다. 하지만 엄연히 말해 잘못된 정보를 탓해야 하지 않을까요? 또 그걸 곧이곧대로 믿고 결정한 자기 자신을 먼저 탓해야 하지 않을까요? 그리고 부동산 거래가 이뤄지는 집들은 외지인들끼리 사고파는 경우가 대다수입니다. 이들이 값을 올리고서는 마치 제주도 사람들이 비싸게 파는 듯이 얘기합니다. 구입한 값이나 그 밑으로 내놓는 사람은 한 명도 없었습니다. 죄다 값을 올려 부르고 우리 같은 부동산 중개인은 심부름만 할 뿐입니다. 제주도가 거짓말을 하진 않습니다."

그는 도민 혜택을 받아 반값으로 골프를 치는 이들에게서 제주도 사람을 비하하는 말을 들을 때, 국제학교가 들어선 덕에 세 배나 오른 값으로 땅을 되팔아줬건만 제주도도 육지와 다를 것 없다며 실망했다는 말을 들을 때, 올레길 주변의 레스토랑이나 게스트하우스 등의 임대료를 시세보다 턱없이 비싸게 내놓고서는 제주도와서 손해만 보고 간다는 말을 들을 때, 이들이 왜 제주도에 왔으며 또 제주도를 욕할 자격이나 있는지 되묻고 싶다고 합니다.

젊었을 때의 꿈을 제주도에 와서 이루게 되었다는 40대의 목수 Y씨는 술이 거나하게 취하면 화려했던 아메리칸 드림만 펼쳐놓습니다. 과거 미국 땅에서의 성공을 추억하는 그에게 이곳 제주도는 잠시 머무는 곳, 지나치는 삶의 정류장 그 이상이 되지 못하는 듯합니다. 제주도를 정착지가 아닌 임시 거주지로 여기는 마음을 벗어내지 않고 제주도에 온다면 제주도는 환상의 땅, 환각의 땅에 불과합니다. 아니면 과거 회상, 과거 집착의 땅일 뿐입니다. 밟고 있는 땅이 허공인 것이지요. 많은 이주민들이 스스로 이방인이 되어 주변인으로밖에 살지 못하는 것은 바로 이 때문입니다.

불안정한 마음에서의 선택은 기피이며 도피입니다. 그것은 부정적일 수밖에 없습니다. 시작도 끝도 모두 부정에서 부정으로 이어집니다. 식당 주인 L씨는 제주도의 자연을 사랑하기 전에 자기 자신을 진정으로 사랑할 줄 아는 사람들이 제주도로 살러 오면 좋겠다고 합니다. 진정한 자기애는 결코 배타적이 될 수 없고 오히려 이타적인 마음을 갖게 합니다. 남은 물론 자기와도 친구가 될 수 있다고 일러줍니다. 그는 제주도의 '조냥정신'의 부활을 기대한다며 씁쓸한 입가에 힘을 줍니다.

제주 돌담

제주 돌담

올레길의 유행으로 제주도 바닷가 주변의 집값이 천정부지로 오르면서 동시에 올레길가에 있는 집들의 담벼락 높이도 올라갔습니다. 남의 집 담을 넘겨다보는 수많은 올레꾼들로 인해 사생활을 침해받고 있는 제주도 사람들이 담을 더 높였기 때문이지요. 그러자니 전처럼 돌로는 담을 더 높게 쌓을 수 없어 시멘트 담이 늘어나고 있습니다. 아무래도 사생활 보호와 안전을 생각해야 하니 돌담으로 쌓는 데에는 한계가 있을 것입니다. 제주 돌담이 시멘트 담으로 변하고 있는 현실이 안타깝지 않을 수 없습니다.

일본의 오키나와에도 제주도와 같은 돌담이 많습니다. 그런데 오키나와에서 돌담 대신 시멘트 담이 늘고 있다는 소식은 아직 들어보지 못했습니다. 전라남도의 청산도는 일부러 돌담길을 조성하여 관광객의 시선을 끌려고 애쓰고 있다고 합니다. 그런데 정작 제주도는 있는 돌담마저 사라지고 있습니다. 계속 이대로 간다면 사라지는 건 돌담만이 아닐 것입니다. ▪

제주도 신드롬

인질이 인질범을 사랑하게 된다는 영화 같은 이야기가 있습니다.
'스톡홀름 신드롬'이란 말까지 있는 걸 보면 굉장히 흥미로운 심리
현상인 듯합니다. 제주도에서 살다 보니 때로는 섬에 갇힌 기분이
들 때면 인질이 된 것만 같습니다. 이때 제주도는 인질범이 됩니다.
스스로 한 선택이었기에 강제된 구속과는 구별됩니다만, 꼭 떠나
야 함에도 불구하고 태풍이나 짙은 안개 때문에 비행기가 결항됐
다는 말을 제주공항에서 들을 때의 황망함 앞에서는 스스로 한 선
택도 구속이 되어 갑갑하고 답답하게 느껴집니다. 이럴 때 제주도
가 섬이라는 것을 더욱 실감합니다. 이외에도 제주도 생활에서 구
속감을 종종 느끼곤 합니다.

스스로 한 선택이 구속이 되기도 합니다

50대 후반에 이혼을 하고 부산에서 제주도로 이주해왔지만 4년여 간 안정을 찾지 못하고 수시로 부산과 서울을 오고 갔다는 J씨는 제주도가 낯설기만 하고 영 정이 가지 않았답니다. 동네 사람들이 그녀를 거부한 적은 없지만 본인 스스로 마음을 닫고 살았기 때문입니다. 펜션에서 청소 일을 하면서 혼자라는 외로움을 덜어내려 했지만 그곳에서 마주치는 여행객들을 보면 가슴은 더 허전해졌답니다. 그러다가 제주도 감귤이나 갈치 등을 구입하고 싶다는 친지들에게 제주 특산물을 보내주기 시작했습니다. 청소 일 하는 사이사이에 부업 삼아 했지만 판로라 해봐야 가족 외에는 달리 없었습니다. 그러던 중 우연히 동네 아저씨의 도움으로 새벽 어시장에서 갈치를 싸게 구할 수 있는 방법을 알게 되었는데, 싼값에 좋은 생선을 공급할 수 있게 되자 자연스레 판로도 늘어났습니다. 이렇게 시작한 제주와 육지를 연계하는 장사는 반응이 꽤 좋았고, 생선과 감귤만이 아니라 한라봉, 마늘 등으로 품종을 늘려갈 수 있었습니다. 4월과 5월에는 제주도에 지천으로 깔려 있는 고사리를 따서 말리고, 6월과 7월에는 유명한 대정마늘을 사서 손수 까고 갈아 질 좋은 간 마늘과 다진 마늘을 육지로 보냅니다.

　　제주도에 온 지 7년째부터 J씨의 수입은 부산에서 벌던 것의 두 배가 넘었습니다. 여유가 좀 생기자 집 근처 올레길에서 여행객을

안내하는 봉사 활동도 시작했습니다. 그제야 비로소 제주도에 정착하게 되었다고 하면서도 J씨는 여전히 제주도가 낯설다고 합니다. 이제 칠순이 된 그녀는 만나는 사람도 극히 한정돼 있습니다.

"외로움을 덜 수 있는 방편은 오로지 일을 찾아 열심히 사는 것이지요."

그녀는 5년 전 구입한 바닷가 집을 내놓았습니다. 바다가 사람을 지치게 했는지, 아니면 바다 곁이라 더 외로웠는지 산 쪽으로 옮겨 살고 싶다고 합니다. 올레길에서 만나는 여행객마다 제주도가 살기에 어떠하냐고 묻곤 합니다. 그녀는 간단히 대답합니다.

"딴 데 한눈 팔 일이 없어 그것 하나 좋습디다."

때로는 갇힘은 집중을 시사합니다.

J씨와 달리 H씨는 서울을 떠나올 때부터 경제적인 여유가 있었습니다. 남편이 외국으로 발령이 나자 서울을 벗어나 제주도로 옮겨 왔습니다. 등산, 골프, 헬스, 사교댄스, 사진 등 여러 모임에 적을 두며 제주도를 만끽하는 듯했습니다. 그래서인지 그녀의 주변엔 남자가 많습니다. 외국에서 대학을 나와 학원 강사를 하고 있는 딸과 함께 사는데, 외국 생활을 오래해 꽤 개방적인 딸임에도 불구하고 엄마가 연하의 관광버스 기사와 자주 만나는 것을 보고는 한마디 합니다.

제주도 保城 2011. 5. 21.

갇힘은 집중을 시사합니다

"사람 좀 골라서 만나라!"

운전기사라서 그러느냐고 반문하자 딸이 발끈합니다.

"그 사람의 직업이 문제가 아니라 엄마의 남성 편력이 문제라고. 엄마의 자유는 너무 산만해!"

H씨는 그녀가 동네 어르신이라고 부르며 가까이 지내던 나이 많은 남자와의 관계가 사람들의 입방아에 올라 결국 동네에서 쫓겨나다시피 육지로 돌아가고야 말았습니다.

러셀은 불행은 결핍에서가 아니라 풍요에서 비롯된다고 했습니다. 서울 같은 대도시에 비해 제주도는 공간이 한정되어 있고 돈도 적게 드는 편이라 상대적으로 경제적 풍요를 누릴 수 있는 곳입니다. 그러나 그것이 화근이 되기도 합니다. 경제적인 풍요는 결코 삶의 질적 수준을 높여주지 못합니다. 결국에는 정신을 황폐하게 만들곤 합니다.

한국은 문화 강좌의 천국입니다. 제주도도 마찬가지입니다. 앞서 얘기했던 L씨는 제주도로 와서 경제적 풍요를 죄다 소진하고 나서야 정신을 차렸습니다. 갖고 있던 집을 팔고 셋방을 얻어 살면서 비로소 자각했습니다. 술을 끊고 나니 시간이 남아돌았고, 평소 관심 있어 하던 기타를 배우기 위해 제주시에서 문화 강좌를 수강하기 시작했습니다. 그는 요즘 일주일에 이틀은 기타를, 이틀은 일본어를, 또 이틀은 스포츠댄스를 배우는 데 할애하고 삽니다.

"제주도 적응기가 내겐 8년이었다네. 돈을 다 써버리고 나니 정신이 바짝 들더구먼. 국민연금으로 매달 백여 만 원이 나오는데 그 돈이 그렇게 큰지 이제야 알았다네. 전엔 하룻밤 술값에 불과했는데 말일세. 시간을 투자한 만큼 얻을 수 있다는 말이 진리이긴 한가 보네. 그걸 깨닫기까지 8년이 걸렸네 그려."

그는 마당 넓은 자기 집을 가졌을 때에는 심어보지도 않았던 채소를 월세 집의 조막만 한 공터에 손수 심어 먹고 삽니다. 2억 원이란 거금을 들여 제주도에 집을 지으려는 초등학교 선생에게 L씨가 조언합니다.

"제주도 전체가 다 내 집 마당인 것을 뭐 그리 큰 땅과 집이 필요하오? 내 몸 하나 뉘일 곳이면 충분하지 않겠소? 가진 게 많으면 더 큰 것이 보이지 않는 법이랍니다. 집이 제아무리 큰들 높고 푸른 산과 넓고 맑은 바다와 비교나 되겠소? 집이 크면 오히려 더 큰 자연이 안 보이게 됩니다. 그 집에 갇힐 뿐이라오."

L씨의 조언에 곧 정년퇴임을 앞둔 Y씨는 집 크기를 줄이고 대신 허름한 창고를 개조해 동네 아이들이 자유롭게 책을 읽고 갈 수 있는 도서관을 짓겠다고 마음을 바꿨습니다.

박차고   날고

돌아오고   더러는 또 떠나고

숨겨진 소꿉놀이터, 안고라주전마씸

제주도는 참으로 아기자기한 곳입니다. 살면 살수록 그런 느낌이
더 듭니다. 알려진 곳보다 마음을 사로잡는 곳이 훨씬 더 많습니
다. 그곳들이 흔한 듯 버려져 있기 때문이기도 합니다. 마치 소꿉
놀이가 어른들 눈에는 하찮게 보일지라도 아이들에겐 최고의 놀이
인 것과 같습니다. 아이들의 소꿉놀이는 참으로 아기자기합니다.
무엇 하나 버릴 게 없는 것들로 즐거우며, 어느 순간 소중하지 않은
시간이 없기에 의미도 깊습니다.

숨겨진 소꿉놀이터 같은 곳을 발견하려면 우선 제주도에서 오래
살며 제주도를 진심으로 사랑해온 사람을 만나야 합니다. 이런 사
람을 만나는 것 자체가 발견이며 행운이지요. 하지만 제주도 것만

좋다고 우기는 사람을 만나면 보잘것없는 것과 남들 흔히 가는 곳에 시간을 빼앗기고 맙니다. 그들의 자아도취적인 제주도 사랑의 눈으론 진짜 제주도의 멋이 보이지 않기 때문입니다.

저는 다행히도 제주도를 진정 사랑하고 남의 것도 존중할 줄 아는, 올레길과 같은 현재의 제주도 개발에 반대하는 몇 분을 만날 수 있었습니다. 오늘도 그들에게 졸라댑니다.

"어디 또 좋은 데 있어요?"

"안고라주젠마씸!"

같은 한국인인데 말로 소통이 안 되다니……. 하지만 이런 제주도 말에서 제주도가 더 제주도답게 느껴져 반갑습니다. 무슨 말인지 몰라 눈만 끔벅이는 제게 '안고라주젠마씸'은 '말해주지 않을래요'라는 뜻이라고 일러줍니다.

"나도 졸바로 알지 못허여부난(나도 제대로 알지 못하기 때문에)."

겸연쩍어 하더니 이내 저를 삼양 검은모래해변으로 데려갑니다.

"여긴 전에 와본 곳인데…… 별로던데?"

시큰둥한 제 반응을 보더니 손가락을 깔딱대며 더 따라오랍니다. 가보니 바닷가에 웬 목욕탕이 있습니다. 남탕과 여탕이 붙어 있지만 구별돼 있고 여탕의 벽이 조금 높습니다. 제주도는 비가 많이 와도 곧바로 바다로 흘러가거나 땅속으로 스며들기 때문에 생활용수가 귀한 곳입니다. 그래서 바닷물을 가둬두고 대중욕탕으로 쓰는 줄로 지레짐작했는데 그게 아니었습니다. 땅 아래서 샘솟는, 삼다수와 똑같은 지하용출수라고 합니다. 바닷물과 달라 전혀 짜지 않습니다. 삼다수 목욕탕인 셈이지요. 욕탕 옆에는 빨래터도 있습니다. 제주도 해안에는 이처럼 용출수가 나오는 곳이 많습니다. 제주도만의 독특한 지형을 재치있게 이용하는 제주도 선인들의 지혜와 운치를 맛봅니다.

성산 방면 수산리에는 방학 때마다 시골 창고를 개조한 집으로 내려와 쉬거나 글을 쓰며 지내는 서울의 대학 불문과 교수 둘이 있습니다. 두 사람이 함께 마련한 이 집의 내부는 현대식으로 잘 꾸며져 있지만, 이들은 여전히 이 집을 '창고'라고 부릅니다.

"이 창고에서 내다보는 탁 트인 풍경이 좋아서 틈만 나면 찾아와요."

얘기를 들어보니 방학 때만 오는 건 아닌가 봅니다. 한쪽 벽이 온통 유리라 밖이 훤히 내다보이는 창고에서는 온월봉, 용눈이오름, 아끈다랑쉬오름, 동거문오름, 백약이오름의 낮은 구릉들이 마치 도자기를 엎어놓은 것처럼 옹기종기 모여 있고, 더 멀리 높은오름, 거문오름이 보일 때도 있습니다. 프랑스인 교수도 종종 함께 오곤 하는데, 이곳이 자기 고향 프로방스와 무척 흡사해서 꼭 고향에 와 있

제주도를 사랑하는 사람을 만나야 합니다

오름 바람 오름

는 기분이라고 합니다. 한 시간 만에 고향에 와볼 수 있으니 얼마
나 좋은지 모르겠다며 그가 보들레르의 〈여행으로의 초대〉를 읊어
줍니다. 불어로 그리고 한국어로 두 번 읊고 있는 그의 눈이 지그
시 감기면서 눈가에 눈물이 맺힙니다. 그녀는 만족의 눈물이라 말
합니다.

"아이야, 누이야,

꿈꾸어보렴.

거기 가서 함께 살 감미로움을!

한가로이 사랑하고

사랑하다 죽으리,

그대 닮은 그 고장에서!"

프랑스인도 감동시킨 제주도는 사랑하다가 죽어도 좋을 만한 곳
입니다. 감미로운 꿈을 꾸게 해주는 곳이기도 합니다. 그들의 옆집
에는 제주 흙만으로 옹기를 빚는 H씨가 삽니다. 가끔씩 그와 함께
제주 흙을 주무르는 재미도 쏠쏠하다고 합니다. H씨가 손수 기른
무공해 푸성귀로 쌈을 싸 먹는 것 역시 또 다른 재미입니다. 이렇듯
눈으로 손으로 입으로 제주도를 맘껏 한껏 즐기는 이들에게서 삶
의 여유와 서두르지 않는 지혜를 봅니다.

제주도에 살고 싶어 하는 사람들에게 가장 먼저 해주고 싶은 말

이 '서두르지 마라'는 충고입니다. 그 불문과 교수들은 경제적으로 안정돼 있기에 여유롭게 자기 취향에 맞고 위치도 적절한 집을 구할 수 있었을 겁니다. 하지만 경제적 여유에 상관없이, 오히려 경제적으로 여유가 없을수록 서두르지 말아야 합니다.

제주도에 오는 상당수 사람들이 제주도에 '올인'하는 경향이 있습니다. 특히 젊은이들이 더 심합니다. 이런 사람들 대다수는 후회하고 맙니다. 그래서 서두르지 말라고 하는 것입니다. 제주도는 무작정, 무조건, 무턱대고 떠나올 곳이 아닙니다. 좋으면 좋을수록 더 잘 따져봐야 실수나 시간 낭비를 줄일 수 있습니다. 환상과 환영에 빠져, 아니면 도피하듯 제주도로 오는 것은 절대 말리고 싶습니다. 환상과 환영을 심어줄 만큼 매혹적인 섬이 제주도이지만, 환상은 현실에서 힘겨움만 더해주기 때문입니다. 환상은 눈앞에 선글라스를 씌우는 꼴이며, 코앞에 향수를 뿌려놓는 꼴입니다. 일시적이란 말입니다. 제주도에 생활 터전을 잡고 나면 극히 현실적인 것에 맞부딪히게 돼 있습니다.

부디 서두르지 마세요. 남의 말만 듣고 남이 쓴 책만 읽고 솔깃해서는 무작정 옮겨올 것이 아니라 먼저 제주도를 자주 들러본 다음에 와도 결코 늦지 않습니다. 무조건, 무작정 제주도에 집부터 마련할 게 아닙니다.

처음 몇 개를 쌓으니

한 손으로도 쉬웠습니다

122

곧 방심하게 되고

결국, 다시 시작합니다

우스갯소리로 제주도를 해외라고 합니다만, 실제로 해외에 있는 기분을 느낄 수 있기도 합니다. 키 큰 워싱턴야자수도 이국적이고 알아들을 수 없는 제주도 말도 이국적입니다. 그러나 한편으로는 전통적이고 전형적인 한국의 모습을 간직하고 있는 곳이 이곳 제주도이기도 합니다.

해외여행과 이민은 전혀 다릅니다. 해외지만 해외일 수 없는 곳, 제주도도 다르지 않습니다. 단지 여행자의 자세와 기분으로 제주도 이주를 생각한다면 큰 난관에 봉착할 수 있습니다. 이민만큼은 아니겠지만 그 정도의 노력이 선행되어야만 제주도가 더 좋은 곳, 더 살 만한 곳, 삶의 전환점이 될 수 있을 것입니다.

갑시룽 오물조쟁이

제주도 출신 시조시인 고정국 씨의 시조 한 수가 눈길을 끕니다.

개맡디 물 봉봉 들민 옷 맨뜨글락 벗어그네
숨비멍 곤작사멍 또꼬냥 뺏죽뺏죽
갑시룽 오물조쟁이 고조리가 돼베영

분명 한글인데 뭔 소리인지 도대체 모르겠습니다. 시외버스를 타고 제주도를 돌다 보면 유난히 할머니들이 많이 탑니다. 여자들이 부지런한 곳이 제주도입니다. 그분들끼리 하는 대화 역시 거의 알아들을 수 없습니다. 15, 16세기 조선 시대에 우리 조상이 쓰던 말을 지금 21세기에 듣고 있는 것 같다는 사람도 있습니다. 실제로 아래아(ㆍ)를 지금도 사용하며 사는 이들이 제주도 토착민들입니다. 제주도 출신 후배가 우쭐댑니다.

"국어 고문 시험에는 내가 자신 있었지. 우리가 어려서부터 늘 쓰던 말이 고문에서 나왔으니까."

이제 위 시조를 풀이해야 할 것 같습니다. 우리글인데도 '번역'해야 알 수 있다는 사실에 신기함을 넘어 기분이 묘해집니다.

앞개울에 밀물이 들면 옷 모두 벗어놓고
물속으로 나뒹굴며 엉덩이 삐쭉삐쭉
까맣게 귀여운 고추 늙은 누에가 돼버려

시조의 제목은 〈감시롱 오물조쟁이〉입니다. 역시 '번역'하면 〈가무잡잡 꼬마 고추〉지요. 꼬마들이 수영하며 노는 모습이 더 정겹게 느껴집니다. 지금은 이런 광경을 거의 볼 수 없습니다. 이 맑고 고운 바다에서 놀고 있어야 할 아이들은 지금 컴퓨터 앞에 모여 있습니다. 이제는 시조를 통해 상상해볼 수밖에 없습니다. 불과 20~30년 사이의 변화입니다.

감시롱 오물조쟁이

일본인 M씨는 서귀포 쪽에 삽니다. 시코쿠四國 출신인 그가 한국인 아내와 제주도에 와 살고 있는 이유를 물으니 이곳이 고향과 비슷하기 때문이라고 합니다. 특히 제주도 남쪽은 바다며 감귤이며 삼나무 숲 등이 고향과 꼭 같아 마음까지 포근해진다고 합니다. 아내가 좋아 한국에 와서 음악을 작곡하며 살았지만 고향이 늘 그리웠습니다. 그러다 공연을 위해 우연히 찾은 제주도는 그를 고향으로 안내했습니다. 사랑하는 아내와 그리운 고향을 동시에 품을 수 있는 곳이 M씨에겐 제주도였습니다.

하지만 그에게 걱정이 하나 생겼습니다. 주최 측에 의해 공연이 두어 차례나 임의로 취소되는 일이 생기자 당황하지 않을 수 없었습니다. 일본인들은 속마음을 잘 드러내지 않는다고 합니다. 한국인 아내 I씨가 안타깝고 또 창피하다고 합니다. 세계적 수준의 음악을 제2의 고향인 제주도에서 펼쳐 보이게 돼 기뻤는데, 사과 한마디 없이 일방적으로 공연을 취소해 황당해하지 않을 수 없었다고 합니다. 부부는 제주도에서 일본이나 동남아 쪽으로 공연장을 옮겨야 했다고 합니다. 일본에선 물론이고 동남아에서도 이런 일은 없다며 아내가 일본인 남편의 실망감을 대신 전해줍니다. 있을 수 없는 일이 스스럼없이 일어나는 뻔뻔한 곳이 어디 제주도뿐이겠습니까마는 약속을 헌신짝만도 못하게 취급하는 나쁜 관행이 제주도에서 좀 더 심하다고들 합니다. 그래서 제주도 사람들과의 약속을 100퍼센트 믿지 말라는 말을 심심찮게 듣습니다.

또 하나 M씨가 불편한 것은 사생활 침해입니다. 우리는 한국의 정情이라고 하지만, 외국인인 M씨의 눈에는 '뭐해?' 하며 방문을 열고 불쑥 들어오는 집주인의 정이 낯설기만 합니다. 집주인 P씨의 얘기는 이렇습니다.

"뭘 도와주고 싶어도 방 안에서 통 나와야 말이지. 안에서 무엇을 하고 사는지 도무지 알 수가 있나."

서로 이해가 부족한 데서 비롯된 일입니다. M씨는 아내 I씨의 설명 덕에 조금씩조금씩 한국과 제주도의 문화를 이해해가고 있습니다. 그리고 이를 자신의 전공인 음악에 적용하고 있다고 합니다. 일본의 오키나와 전통음악이 일본 내에서 상당한 대접을 받고 있듯이 제주도다운 음악을 자기 곡에 삽입해보겠다는 포부까지 생겨났다고 합니다. 집주인 P씨도 매운 음식을 잘 먹지 못하는 M씨를 위해 물김치를 담가 나눠 먹곤 합니다. 서귀포의 작은 시골집에선 이렇게 같은 듯 다른 한국과 일본의 문화가 섞여가고 있습니다. 더불어 일본과 제주도가 어우러진 새로운 곡이 잉태되고 있습니다.

세계를 떠돌던 말레이시아 여성은 제주도에 정착해 게스트하우

자기만의 삶을 버리자 삶의 주인이 되었습니다

스를 운영하며 삽니다. 문명화되어 살기 편하면서도 고향 말레이시아와 비슷한 환경인 제주도에 흠뻑 빠져 삽니다. 이곳에서 돈도 벌고 여행객들과 밤 늦도록 얘기를 나눌 수 있어 좋다고 합니다. 그녀의 게스트하우스엔 외국인도 많이 묵고 갑니다.

"여기에선 앉아서도 세계 일주가 가능해요."

자신을 세세하게 배려해주는 한국인들이 고맙다는 그녀는 단 한 가지, 게스트하우스 일 때문에 제주도를 둘러볼 겨를이 없다고 아쉬워합니다. 일주일에 하루만이라도 제주도를 여행해보고 싶기도 하지만, 여행객에 맞출 수밖에 없는 현실을 그냥 받아들이고 산다고 합니다. 일을 시작한 이상 노는 것과는 구별되어야 하지 않겠느냐며, 이제는 자기중심의 삶을 버리게 되었다고 합니다. 젊었을 때 한 푼이라도 더 벌어놔야 나이 들어 더 많은 곳을 돌아볼 수 있을 거라며 해맑게 웃는 그녀는 자기만의 삶을 버림으로써 역설적으로 자신의 삶의 주인이 되었습니다.

최근에 50대 중반의 부부가 제가 사는 동네로 이사 왔습니다. 이사 왔다고 동네 사람들에게 떡을 돌릴 때 그들을 처음 만났습니다. 아내는 경북 안동이 고향인 한국인이고 남편은 인도네시아인입니다. 아직도 한국 사회에 만연한 외국인 특히 동남아시아 사람들에 대한 편견에서 조금이나마 벗어나 살 수 있는 곳을 찾다 보니 제주도로 오게 되었다고 합니다. 아내의 고향인 안동에서 잠시 살아봤지만 곱지 않은 시선, 특히나 친척들의 눈치를 보고 사는 게 힘들었다고 합니다.

지금은 제주도에서 남편과 봄철엔 고사리를 따러 산야를 돌아다니고 늦가을과 겨울엔 감귤 밭에서 함께 일합니다. 이들은 꽤 짜임새 있게 시간을 활용하며 생활합니다. 여느 직장처럼 주 5일은 열심히 일하고 이틀은 만사 제쳐놓고 쉽니다. 쉬는 날은 차를 몰고 나가 제주도 초원에서 야영을 하기도 하고, 바닷가에 나가 낚시 잘하는 남편이 잡아온 생선으로 음식을 차려 먹기도 합니다.

가진 것 없더라도 조금만 부지런하면 먹고살 수 있는 곳이 제주도라며 이곳이야말로 행복의 섬이자 행운의 섬이라고 말하는 이들 부부에게 제주도는 제2의 인생을 위한 기회의 땅입니다. 그녀는 "제주도는 욕심을 내지 않게 하는, 욕심을 내지 않아도 되는 곳"이라고 말합니다.

욕심을 내면 제주도 역시 힘든 곳이라고 뒤집어 새겨봅니다. 비교할 것이 적은 곳이기에 욕심을 내지 않는 것이 가능합니다. 비교할 남들이 주변에 적기에 욕심 없는 삶을 지탱할 수 있습니다.

제주도의 국수 거리

일본 규슈 구석구석을 자전거로 두어 달 다녀온 뒤 제주도를 더 깊이 둘러보게 되었습니다. 가장 먼저 먹을거리가 비교되었습니다. 규슈의 후쿠오카에는 하카 다라멘의 포장마차 거리가 있는데, 일본에서도 명물인가 봅니다. 한국인도 많이 찾아가는 관광명소이기도 합니다.

제주시에도 국수 거리가 있습니다. 꽤 유명하지요. 몸국과 물회 등 제주도의 먹을거리는 세계 어디에 내놔도 손색이 없습니다. 맛이나 영양 면에서도 제주도 먹을거리가 일본 규슈의 하카다라멘보다 훨씬 뛰어나 보입니다. 단, 거리의 풍경에서 차이가 납니다. 제주시의 국수 거리에는 볼품없는 건물들만 즐비한 데 반해 일본 규슈의 하카다라멘 거리는 목제 손수레인 포장마차들이 운치 있게 잘 정돈돼 있어 독특한 풍치를 자아냅니다. 안타깝게도 제주도는 훌륭한 먹을거리를 가지고 있으면서도 이를 고유의 문화로 전달하는 안목이 부족해 보입니다. 🙎

외로우니 섬이다, 사람이다

제주시나 서귀포시를 주의 깊게 보면 여느 도시와 조금 다른 점을 발견하게 됩니다. 무엇보다 한의원과 정형외과가 많습니다. 사면이 바다로 둘러싸여 있기에 바닷가 쪽만이 아니라 중산간 지역도 습기가 몹시 심합니다. 중산간 마을은 안개가 자주 끼기 때문입니다. 그래서인지 제주도에는 관절이 약한 사람들이 많아 한의원과 정형외과가 많다고 합니다.

또한 단란주점도 눈에 자주 띕니다. 흔히 제주도 여자들은 생활력이 강한 반면 남자들은 그렇지 못하다고 합니다. 제가 볼 때에도 제주도 남자들은 아직도 전근대적인 가부장적 사고를 버리지 못한 사람들이 많습니다.

제주 번화가 풍경

우리 부모 세대만 해도 남자는 중절모에 양복을 잘 차려입고 뒷짐 쥔 채 팔자걸음으로 걷는 반면 뒤따르는 여자는 양손뿐 아니라 머리 위에까지 잔뜩 짐을 짊어지고 자식들까지 챙겨가며 걷는 풍경이 흔했습니다. 이제는 이런 모습을 거의 볼 수 없을 정도로 세상이 달라졌지만 아직도 제주에는 남성 중심의 가부장적 풍습이 남아 있습니다. 눈에 보이지는 않더라도 사람들의 의식 속에 아직도 잔재하고 있음을 그들의 행동과 말속에서 알 수 있습니다. 주변에 보면 아내는 새벽부터 밭에 나가 뼈 빠지게 일하는데, 남편은 아침나절부터 술 마시고 대낮부터 거리에서 휘청대는 모습을 자주 보게 됩니다. 그런 상황을 보고 있자면 욕이 나올 지경입니다. 단란주점이 많은 이유가 아마도 여기에 있지 않나 싶습니다.

그리고 남자든 여자든 혼자 사는 이들이 많습니다. 물론 홀로 사는 외지인이 많기 때문이기도 합니다. 나이든 사람뿐 아니라 제주도가 좋아 온 젊은 외지인들 상당수도 혼자인 경우가 많습니다. 이래서 또 단란주점이 많은지 모르겠습니다. 육지에서 떨어진 외딴섬처럼 외로운 사람이 많은 곳인지도 모릅니다. 일찌감치 혼자 사는 삶의 방식을 선택한 사람들입니다.

서울에서 한의원 개업을 준비하다 제주도에 빠져 서귀포로 내려와 제주도민이 된 한의사 K씨는 거의 휴일도 없이 환자를 받습니다. 혼자 살고 있는 그는 제주도에 온 지 6개월쯤 되었을 때 '내가 돈 벌러 제주도에 왔나?' 자문하게 되었고 이후 자기 관리, 시간 관리를 시작했다고 합니다. 찾아오는 환자들을 막을 순 없기에 자신에게 투자할 수 있는 시간을 따로 정해놓은 것입니다. 그는 점심시간에 산책을 하고, 저녁 시간을 활용해 도서관에서 인문 서적과 제주 역사에 관한 책을 읽고, 한 달에 두 번인 휴일에는 한라산이나 오름에 오르거나 스쿠버다이빙을 하며 삶을 즐깁니다. 이러한 시간 관리로 제주도를 떠나려고 했던 마음을 다잡을 수 있었다고 합니다. 이후 그는 제주도에 좀 더 집중하게 되었고 점점 제주도 박사가 되어간다며 알면 알수록 더 흥미롭고 애정이 더욱 깊어지는 곳이 제주도라고 힘주어 말합니다.

그는 침을 놓으면서 모든 환자와 대화를 나눕니다. 진료의 목적만은 아닙니다. 대개 어르신들인 환자의 입에선 갖가지 제주도 이야기가 흘러나오는데, 그 덕에 책으로는 절대 알 수 없는 제주도 사람들의 경험을 생생하게 전해들을 수 있다고 합니다.

"제주도 사랑을 침실에서 매일 아홉 시간 이상 즐긴답니다."

"침실이요?" 하고 물으니 "바로 여기잖아요" 하며 침놓는 방을 가리킵니다.

서귀포 쪽 위미에는 게스트하우스를 운영하고 있는 J씨가 서울에 가족을 두고 혼자 내려와 삽니다. 그의 제주살이 1년을 곁에서 지켜보았는데, 처음에는 그의 열정이 참으로 부러웠지만 나중에는 그의 변화가 참으로 안타까웠습니다.

산악인이었던 그는 올레길가에 있는 헌 집을 구입해 게스트하우스로 개조했습니다. 입구에는 영화 〈바그다드 카페〉 속 카페를 연상시키는 작은 찻집이 있습니다. 그는 커피를 마실 수 있는 그 공간을 손수 만들어내는 열정을 보였습니다. 밤이면 기타 치며 노래 부르고 놀 수 있는 스테이지도 마련해뒀습니다. 투숙객들은 그곳에 모여 모닥불을 피워놓고 차 마시고 술 마시며 대화하곤 했습니다. 주인인 J씨가 분위기를 이끌었습니다. 마당 앞길도 시의 지원을 받아 예쁘게 단장했습니다.

그러나 그의 열정은 이웃과 마찰을 빚게 되었고, 그는 이웃들의 의견을 수용할 수 없다며 자기 고집을 앞세우기 시작했습니다. 새롭게 정비해서 동네 좋아지게 만들어준다는데 주민들이 시비를 걸어온다는 것입니다. 그곳은 주변에 감귤 밭이 많은 한적한 시골 동네입니다. 동네 사람들은 외지인들이 드나드는 것이 시끄럽고 번잡하다고 합니다.

"하나만 따먹는다고 하지만 사람이 여럿이면 상황이 다르죠. 지

조용하고 한적한 어느 올레길

나가는 그들은 재미로 감귤을 따지만 우리는 생존을 위해 딴다고요. 그러니 일 년 동안 얼마나 소중하게 키우겠어요? 그런데 무단으로 감귤을 따다가 적발되면 돈 내면 되지 않느냐고, 한 개에 얼마냐고 적반하장인 사람이 많아요. 시골 인심이 야박하다면서요. 대체 가만히 있는 우리가 뭘 잘못했다고 조용히만 살아온 우리에게 시비를 거는지……. 나 참, 우리가 야단이랍니다."

J씨 역시 여행객과 비슷한 소리를 해서 그곳 주민 대표와 어그러지고 말았습니다. 결국 그는 '너희는 지껄여라, 나는 내 일에 전념하겠노라' 이런 식으로 변했습니다. 그는 주민들을 도와주지 않겠다는 말을 빼놓지 않고 합니다. 하지만 동네 사람들은 우리가 언제 도와달라고 한 번이라도 말한 적이 있느냐고 반문합니다. 올레길 여기저기에 그의 게스트하우스 광고가 붙어 있는데 이를 떼어내는 그 땅의 주인과도 마찰을 빚습니다. 밤마다 떠들어대는 '모닥불 피워놓고 파티'는 조용히 살던 동네 사람들에겐 소음이며 공해입니다. 하지만 J씨는 "동네 사람들이 고급문화를 받아들이지 못한다"고 분해합니다.

주변에 펜션과 게스트하우스가 늘어나 손님이 예전 같지 않자 그는 점점 더 자기 고립에 빠져듭니다. 처음의 순수했던 열정은 사라지고 자기 잇속 챙기기에만 열심입니다. 그는 결국 게스트하우스를 팔겠다고 내놓았는데, 동네에는 못 내놓고 서귀포 시내와 인터넷에 내놓았습니다. 2년 전 시세보다 비싸게 샀다며 억울해하던 그는 살 때보다 두 배가 넘는 가격에 게스트하우스를 내놓았습니다. 자기처럼 제주도에 빠져 눈먼 사람이 걸려들길 바라면서, 돈을 더 받고 되팔기 위해 게스트하우스 인테리어를 바꾸고 있습니다. 적어도 그가 처음 시작할 때만 해도 아담한 카페는 참신하게 보였습니다. 그러나 어느 순간부터 바그다드 카페 같던 분위기는 시내의 여느 레스토랑과 닮아가고 있습니다.

30대 중반의 B씨도 흡사한 경우입니다. 3년 전 바닷가 초가집을 연세로 얻어 매우 열성적으로 꾸미고 가꿨습니다. 문을 활짝 열어놓고 공간을 개방해놓았던 그녀는 3년이 지난 지금 그 문을 굳게 닫고 살고 있습니다.

"친지들의 호응이 이렇게 낮을 거라곤 상상도 못했어요."

매달 만 원씩 회비를 받으며 자신이 운영하려는 갤러리 카페의 후원자를 모집하려 했으나 뜻한 대로 되지 않자 그녀는 푸념을 늘어놓습니다.

"단돈 만 원인데도……."

이러면서 사람들에게 실망했다고 합니다. 단돈 만 원이라도 모이면 세 들어 사는 초가집을 살 수 있다고 장담했습니다. 후원자들에게는 단돈 만 원으로 바닷가 별장을 가질 수 있게 된다고 호언했습니다. 하지만 그곳은 비록 집은 초가집이지만 대지는 얼추 2천 평이 넘기에 10억은 족히 호가하는 곳입니다. 결국 그녀의 안일함이 스스로 문을 닫게 한 셈입니다. 맑던 그녀의 표정은 처음과 달리 무척 어두워졌습니다. 그녀의 순수하던 웃음도 다시 볼 수 없었습니다.

지난여름 그녀를 바닷가에서 만났습니다. 제주도에 올 때의 초심으로 돌아가 다시 시작해보라고 얘기하고 싶었지만 차마 입이 떨어지지 않았습니다. 그녀의 불만스런 표정이 어떤 말도 조언으로 받아들일 것 같지 않아서였습니다. 그녀 스스로 세운 마음의 벽이 너무나 높고 견고하게만 보였습니다.

삼다수와 낚시

심한 알레르기성비염으로 고생하던 H씨는 제주도를 여행하다가 제주도에서 사는 것을 고려하게 되었습니다. 마침 제주시의 병원에 근무하는 간호사 후배가 있어 "공기 좋은 제주도에서 살면 비염이 좀 낫겠지?" 하고 물었습니다. 그러나 후배의 대답은 예상과는 달랐습니다. 공기는 좋지만 기후가 습한 데다가 삼나무 꽃가루로 비염 증세가 더 악화될 수 있다는 겁니다. 실제로 그렇습니다. 봄철에 제주도를 찾는 여행객들 상당수가 눈이 따가운 증상을 경험합니다. 그게 다 삼나무 꽃가루 때문입니다. 결국 H씨는 제주도로의 이주를 포기했습니다.

K씨의 두 딸은 아토피로 무척 고생했습니다. 아토피 치료를 위

해 각종 병원이며 한의원이며 공기 좋다는 곳까지 두루 찾아다녔지만 소용이 없었습니다. 제주도에 와서 아토피가 사라졌다는 체험담을 듣고는 무작정 제주도로 이사까지 왔는데 1년 동안 별 차도가 없자 K씨 가족은 후회했습니다. 하지만 서울 집을 처분하고 온 터라 다시 돌아가기란 쉽지 않았습니다.

그러던 중 버스에서 우연히 만난 한 할머니에게서 용출수로 아이들 몸을 씻겨보라는 이야기를 들었습니다. 용출수는 지하에서 샘솟는 샘물로 제주도 해안에서도 곧잘 볼 수 있습니다. K씨는 속는 셈치고 용출수가 샘솟는 곳으로 두 딸을 꾸준히 데리고 다녔답니다. 그랬더니 아이들이 점점 긁는 횟수가 줄어들면서 피부가 꽤 깨끗해졌습니다. 효과가 눈에 보이자 더 꾸준히 용출수로 몸을 씻겼습니다. 이제는 2년여에 걸친 용출수 목욕으로 두 딸의 아토피가 거의 완치된 듯 보입니다. 마냥 짜증만 내던 두 딸이 이제는 웃기도 잘 웃습니다. 두 딸의 미소를 볼 때마다 평화로워진답니다. K씨는 제주도에 온 것에, 그 할머니를 만난 인연에 감사해합니다.

제주도는 공기도 좋지만 물이 더 좋다는 것을 살아보면 알게 됩니다. 시중에서 파는 제주도 삼다수가 좋다는 건 다들 잘 알고 있을 것입니다. 제주도에 살면 집에서 삼다수로 샤워도 할 수 있으니 그것만으로도 큰 복입니다. 몸이 좋아지는 것은 바로 알 수 없지만 피부가 좋아지는 것은 바로 알 수 있습니다. 여행 온 사람들로부터 피부가 매끈해진 기분이란 말을 종종 듣습니다.

그런데 제주도의 지하수가 대기업에 넘어가고 있다는 뉴스가 들립니다. 제주도의 시민단체들은 이를 막아내고자 애를 쓰고 있습니다. 옛날에는 봉이 김선달이라는 한 개인이 물을 팔아먹었다지만, 지금 제주도에서는 당장의 이익을 위해 제주도의 권력자들이 이 소중한 물을 팔아먹고 있습니다. 아무리 많아 보이더라도 그 양은 한정돼 있을 겁니다. 미래의 우리 후손을 위해서라도 지금 좀 넉넉하다 하여 마구 파헤쳐서는 안 될 것입니다. K씨 부부는 제주도 지하담수 보호를 위한 시민 모임에 매우 적극적으로 동참하고 있습니다. 제주도 사람만을 위한 이기의 발로라고 생각지 않습니다. 넓게 보면 환경 보호입니다.

K씨는 서울에서 친지들이 놀러오면 집에서라도 제주도 물로 자주 샤워하길 권합니다. 시간을 내어 용출수도 꼭 체험하게 해줍니다.

"제주도는 보물이 땅속에 가득해."

어느새 그는 제주도 물 예찬론자가 되었습니다.

물을 좋아 하는 사람이 또 있습니다. G씨는 낚시를 해본 적이 없습니다. 육식을 무척 즐겼지만 당뇨 때문에 그 좋아하던 삼겹살마저 끊어야 했습니다. 제주도로 이주해온 그는 어느 저녁 무렵 바닷가 산책에서 낚시꾼들이 낚시하는 것을 구경하다가 '나도 한번 해봐?' 하는 마음에 낚시를 처음 시작했다고 합니다. 생각보다 쉬웠습니다. 낚시 실력이 뛰어나서가 아니라는 것을 G씨가 더 잘 압니다. 제주도의 바다에는 물고기들이 많기 때문입니다. 남들 하는 대로 따라만 해도 두 시간 사이에 꽤 굵직한 놈들로 대여섯 마리는 낚을 수 있습니다. 가끔 황돔이나 뱅어돔이 초보 낚시꾼의 손에도 걸려듭니다. 재미가 붙자 낚시 시간이 길어지고 자연히 물고기도 더 많이 잡았습니다. 낚시 도구도 늘어났습니다. 하루는 아내가 화를 냅니다.

"낚싯대 사는 돈으로 생선을 사 먹는 게 싸게 먹히겠다."

남편을 바다에 빼앗기자 처음엔 좋았던 물고기들이 이제는 밉기만 합니다. 그러자 G씨는 아내와 함께 바다로 나서기 시작했습니다. 낚시를 하면서 얻게 된 것은 싱싱한 생선만이 아니었습니다. 낚싯대를 드리우고 먼 바다를 내다보며 여유롭게 둘이 앉아 데이트를 합니다. 바다는 부부가 얘기 나누라고 쉼 없이 이야깃거리를 던져줍니다. 바다 위를 나는 새들도, 해수면을 위로 뛰어오르는 물고기도, 바다에 떠 있는 초승달도 부부의 대화를 돕습니다.

젊어서 술을 많이 마신 탓에 간이 썩 좋지 않은 G씨를 위해 아

김녕 바다 용출주

내는 종종 바다로 나가 보말이나 고메기를 한 움큼 따오기도 합니다. 미역과 함께 끓여 먹는 보말국은 간에 좋은 건강영양식입니다.

또 G씨 부부는 가깝게 지내는 제주도 태생의 동네 친구 부부와 채소를 주우러 마실을 나가곤 합니다. 수확 후 파헤쳐진 밭에서 버려질 양파나 감자, 당근 등을 줍노라면 채소 걱정은 따로 안 하고 살아도 될 정도입니다.

"바로 이게 몸에 가장 좋다는 제철 채소지요!"

이래도 되느냐고 머뭇거리자, 며칠 후 다른 채소를 심기 위해 땅을 갈아엎는다며, 어차피 버려질 것을 치워주니 오히려 고맙다는 소리를 들어야 한다라며 어깨를 으쓱해 보입니다.

"제주도에선 조금만 부지런하면 굶어죽진 않습니다."

고개가 끄덕여집니다. 순식간에 양파가 한 소쿠리 가득 찹니다.

"두 달은 먹겠는걸."

"양파를 매일 먹으면 다른 보약이 필요 없다잖아."

이러면서 G씨는 '우리는 행복한 거지'라며 너스레를 떱니다. 돌아오는 길에 부부는 흥얼흥얼 노래를 부릅니다. 가사를 잊어버린 대목에서는 휘파람으로 대신합니다. 그러면 동백나무 사이에서 휘파람새가 더 고운 소리로 대답해옵니다. 부부가 친구가 되게 하는 곳이 바로 이곳 제주도입니다.

보말

제주도 삼다수

제주도 물이 좋은 건 이젠 육지 도시인들이 더 잘 알고 있습니다. 더 비싸도 사 마시게 되는 제주도 삼다수 때문입니다. 그러나 제주도 물이 대기업의 손에 넘 어가고 있습니다. 제주도에서 방귀깨나 뀐다는 극소수 유지들이 저지르는 일이 긴 하지만 제주도의 자연 유산인 그 좋은 물이 물장수에게 넘어가는 것을 방치 하고 방관한다면 결국에는 동조자나 공범이 되는 것입니다. 이를 막아보려는 제 주도 사람들의 노력이 힘겨워 보이는 것은 방관자가 너무나 많기 때문일 것입니 다. 모두가 힘을 모아 제주도 물이 외부로 새는 것을 막아야 합니다.

자연은 끝이 없는 개발에 언제나 반응합니다. 한껏 쓰라고 내버려두지도 않습니 다. 자연은 인간의 오만방자를 오래 참아주지 않습니다. 이를 막기 위해선 무엇 보다 방관하지 말아야 합니다. 제주도에 관심을 갖는 것. 그리고 그 관심을 행동 으로 옮기는 것. 그것이 바로 제주도 사랑의 시작입니다.

미여지벵뒤에서 버려야 할 것들

우리가 즐겨 먹는 요리 중에 제육볶음이 있습니다. '제'는 돼지를 뜻하는 한자 '저猪'에서 유래했습니다. 제육볶음에는 돼지고기뿐 아니라 각종 채소가 섞입니다. 채소 덕에 기름 많은 돼지고기의 느끼함을 줄일 수 있고, 채소만으로는 부족한 영양소를 돼지고기가 보태줍니다. 저는 제육볶음에서 보탬의 미학을 발견합니다. 이 맛좋고 영양 좋은 음식처럼 '제'주도와 '육'지의 문화적인 '볶음'을 기원해봅니다. 제육볶음이 각기 다른 재료가 보태져 색다르면서도 훌륭한 음식이 되듯이, 문화의 볶음은 제주도와 육지의 특성이 어우러져 더 독특하고 더 멋진 문화의 탄생을 기대하게 합니다. 서로 이질적인 것들이 특별한 성질을 잃지 않고도 한데 어우러질 때 우

제주도의 굿

리는 그것을 '재창조'라고 합니다.

제주도 말에 '미여지벵뒤'라는 말이 있습니다. 제주도의 굿을 보면 큰 굿이 끝날 무렵 이승의 옷을 다 버리고 저승으로 가는 장면이 나옵니다. 그 무대가 되는 곳, 이승의 것들을 다 놔두고 가는 곳이 바로 미여지벵뒤입니다. 제주도에서도 김녕과 가시리, 조수리 등지에서 주로 쓰였던 말로, 아무 거침없이 탁 트인 널따란 벌판을 의미합니다. 이곳이 바로 이승과 저승 사이입니다.

제주도 중산간을 돌다 보면 정말 앞이 탁 트인 시원한 초원을 만날 수 있습니다. 제주말 육성을 위해 특별히 조성된 초원이 아니더라도 제주도엔 낮은 능선을 따라 펼쳐진 구릉 벌판이 많습니다. 이런 자연환경이 굿에도 반영된 것이 아닐까 생각해봅니다.

미여지벵뒤란 말을 처음 들었을 때 제주도와 육지의 볶음, 즉 제육볶음을 떠올렸습니다. 무조건 섞어버리면 이도 저도 아닌 잡탕이 되고 말 것입니다. 섞음이 보탬이 되려면 각 재료의 특성이 조화롭게 섞여야 합니다.

지금 제주도는 무조건 섞기의 장이 되어가고 있는 듯해 안타깝습니다. 솔직히 말해 불안합니다. 이 좋은 곳이 망가질까 봐 두려워서입니다. 제주도다움이 점점 사라져가고 있습니다. 제주도가 사라지고 있는 것과 다름없습니다. 제주도에서 무조건 섞기가 벌어지고 있는 것은 경제적 이익이 무엇보다 우선되기 때문입니다. 그것도 정신적 자산은 무시되고 수치로 환산되는 경제적 타산만 중시되고 있습니다. 경제란 단어는 '경세제민經世濟民'의 약자입니다. 세상을 다스리고 백성을 구제한다는 말이지요. 따라서 수치로만 환산되는 경제는 진정한 경제가 될 수 없습니다.

제주도에 와서 살려는 사람들에게 반드시 미여지뱅뒤를 먼저 보고 오라고 충고하고 싶습니다. 제주도의 너른 들판을 보면서 졸렬하고 조악한 우월감을 던져버리고 제주도에 안착하라는 의미입니다. 미여지뱅뒤가 배타심을 내려놓고 배려심이 일도록 일깨워줄 것입니다. 그래야 더불어 좋은 세상이 시작됩니다.

제주도에 와서 더 고립되고 자신에게 더 천착하는 사람들을 자주 보게 됩니다. 겉으로는 사람들과 어울리고 있지만 그 내면을 들여다보면 자신을 더 고립시키고 있는 것이 보입니다. 이는 남을 비하하고 혐오하는 태도로 나타나는데, 이들은 혼자 있을 때 허무주의와 염세주의에 빠지곤 합니다. 남을 무시하고 비하함으로써 자기를 보호하려는 것은 또 다른 열등감에 지나지 않습니다.

미여지뱅뒤에서 '한판 굿'을 벌이는 일은 제주도 이주자들이 육지에서 묻혀온 때를 벗겨내는 일입니다. 그리고 제주도를 품어 안는 일이기도 합니다. 그래서 이주자들에게는 '미여지뱅뒤 굿' 같은 의식이 필요합니다.

　자연이 좋아 왔다면 그 마음이 순백해야 하지 않을까요? 그래야 자연에 동화될 수 있는 것 아닐까요? 물론 이곳도 생활의 터이기 때문에 현실을 무시할 수는 없지만, 적어도 자연이 좋아, 제주도의 여유로운 분위기가 좋아 왔다면 경쟁심이나 욕심은 미여지뱅뒤 벌판에 내려놓아야 제 몸이 가벼워지지 않을까요? 육지의 잣대를 내려놓을 때 제주도가 더 자기 것이 될 수 있지 않을까요?

　그렇게 다 버려야 비로소 진정 스스로에게 몰입할 수 있습니다. 충남에서 제주도로 옮겨온 사진작가 김영갑이 떠오릅니다. 그가 좋아했다는 용눈이오름이나 알오름, 둔지봉 역시 미여지뱅뒤입니다. 우연인지 필연인지 미여지뱅뒤란 말을 오래전부터 써왔다는 가시리에서 가까운 오름들입니다.

　그의 삶은 떠돌이 같았지만 그만큼 제주도에 안식하고 스스로에게 안착한 사람도 없을 것입니다. 그가 생전에 자주 말했던 '제주도 사랑'이 있었기 때문이겠지요. 다 버리고 한 가지에 집중했기에 오래오래 사랑받고 있는 게 아닐까요? 사랑을 주면 결국 사랑이 돌아옵니다. 여인의 젖가슴 같은 미여지뱅뒤가 김영갑을, 우리를 감싸고 보듬어주는 것이 곧 사랑임을 이제야 조금 알 것 같습니다.

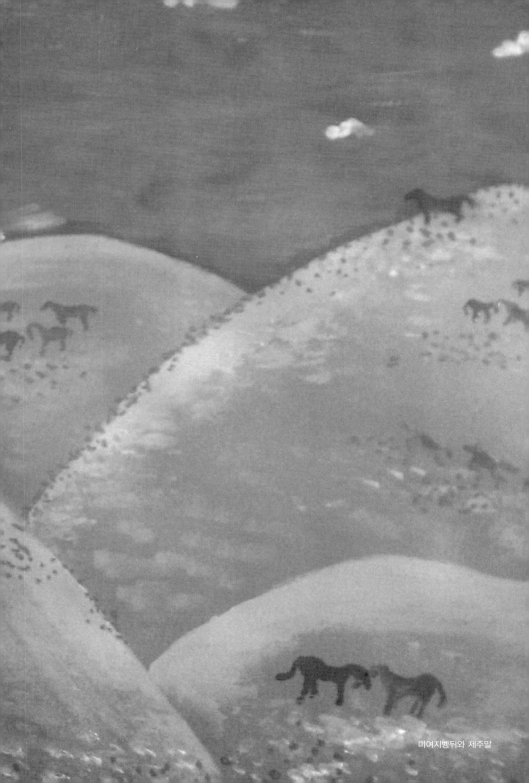

미여지뱅뒤와 제주말

제주도민의 세 유형

제주도민에는 세 유형이 있습니다. 제주도에서 태어나 제주도에서만 살아온 토착 제주 사람, 제주도에서 태어났지만 진학이나 취업 등으로 외지로 나갔다가 다시 제주도로 되돌아온 제주도 태생인, 그리고 제주도와는 전혀 무관하지만 제주도에 와서 사는 제주도 이주민이 있습니다.

그런데 토착 제주 사람이 외지인보다도 제주도 태생인들에게 더 배타적인 모습을 종종 봅니다. 외지에서 돌아온 이들은 다른 문화나 지식을 배우고 익혀 돌아온 사람들이 많을 것입니다. 이들이 제주도를 제대로 발전시키는 데 큰 역할을 할 수 있을 것이라고 보는데, 실제로는 배제되고 배척받는다는 볼멘소리를 가끔 듣습니다. 그럴 때마다 제주도의 폐쇄성을 새삼 실감하게 됩니다.

제주도의 온전한 발전을 위해서는 문화에 대한 식견과 균형 잡힌 비판 의식을 가진 인재가 필요합니다. 누가 그 역할을 더 잘해낼 수 있을까요? 이를 위해 제주도 일각에서는 제주 토착민과 제주 이주민과의 모임을 주선하고 있는 것으로 알고 있습니다. 하지만 이에 앞서 다시 돌아온 제주도 태생인들을 받아들이려는 자세가 우선 필요할 것입니다. 폐쇄성과 배타심은 제주도의 진정한 문화 발전을 방해합니다. 🔖

산담에 기댄 사람

도피는 또 다른 도피만을 초래할 뿐입니다. 도피는 결정이 아닙니다. 따라서 자유의지에 의한 것이 아닙니다. 무언가 선택해 결정하는 순간에만 자유의지가 깃듭니다. 도피는 그저 도피의 연속을 낳을 뿐입니다. 피해서 도망가는 소인배적인 행동에 불과합니다. 작은 것이라 해도 스스로 선택함으로써 자신에 대해, 자기 삶에 대해 책임질 수 있어야 합니다. 실수를 하고 실패를 하더라도 그것마저 내 것이어야 합니다. 실패를 전가해서는 안 됩니다. 그래야 언젠가는 비로소 극복할 수 있습니다.

전업주부로만 살아온 Y씨에게 시련의 시간이 닥쳐왔습니다. 남편이 경영하던 회사가 믿었던 지인의 사기로 문을 닫게 되었고, 남편은 이를 한탄하며 날마다 술로 세월을 보냈습니다. 처음에는 남편을 위로한다며 남편과 함께 술을 마시기도 했지만 Y씨는 중학생 자녀들마저 우왕좌왕하는 것을 보고는 이대로는 안 되겠다며 현실을 돌아보기 시작했습니다. 과거를 붙들고 살 수만은 없었습니다. 무언가 해야 한다며 남편을 설득해봤지만 남편은 스스로를 탓하며 술만 찾았습니다.

다급한 Y씨는 마트 계산대 일을 시작했습니다. 그러나 탁한 공기 때문에 알레르기성비염이 재발해 채 한 달도 못 하고 그만둬야 했습니다. 그 이후 기웃거린 아르바이트가 한두 개가 아니었습니다. 경제적 압박감 속에서 노래방 도우미의 유혹까지 받았습니다.

비슷한 처지의 친구와 잠시 탈출하듯 제주도에 다녀온 일이 제주도와의 인연이 되었습니다. Y씨는 제주도에서 숲해설가를 만났습니다. 숲 관련 서적을 읽고 그동안 관계가 소원했던 아이들과 서울의 산과 공원을 돌아다녔습니다. 하지만 그러는 동안에도 남편은 바뀌지 않았습니다. 술과 탄식의 수렁으로 더 깊게 빠져들 뿐이었습니다.

숲해설가 자격을 얻은 Y씨는 제주도에서 일자리를 구해 가족 모두 제주도로 이주해왔습니다. 연고가 전혀 없는 제주도에서 남편은 혼자 술을 마시는 일이 잦았습니다. 숲으로 함께 가자고 손을 내

밀었지만 그는 끝내 마음을 열지 않았습니다. 아내의 출근은 오히려 그의 자존심을 자극했습니다. 하지만 열등감에서 비롯된 감정은 진정한 자존심이라 할 수 없습니다. 근거도 없고 이유도 없는 헛껍데기 자기 과시일 뿐입니다.

Y씨의 남편은 사업을 다시 시작해보겠다며 서울로 돌아갔지만, 1년이 지나도록 연락이 없었습니다. 도피는 도피를 낳을 뿐입니다. 한참 후에야 남편의 친구로부터 전화가 걸려왔습니다. 남편이 행려병자로 시립병원에 입원해 있다고 했습니다. 남편은 폐결핵으로 거의 죽어가고 있었습니다. Y씨는 공기 좋은 숲으로 가자며 제주도로 같이 갈 것을 고집했지만 남편은 그 사이 알량한 헛껍데기 자존심만 더 늘었습니다. 그대로 죽겠다며 몸도 마음도 전혀 움직일 생각을 하지 않았습니다.

직장을 포기할 수 없는 처지라 Y씨는 남편을 병원에 두고 다시 제주도로 돌아와야 했고 몇 달 뒤 남편의 사망 소식을 듣게 되었습니다. 폐결핵으로 인한 사망이 아니라 자살이었습니다. 그녀는 남편의 유골을 숲속에 뿌리면서도 눈물 한 방울 흘리지 못했습니다. 일상으로 돌아온 그녀는 명상 전문가와 함께 자연 치유에 관한 책을 내기 위해 숲에 대해 더 공부하며 시련을 극복하고 있습니다.

"제주도가 나는 살렸지만 남편은 죽였어요."

누구나 기댈 곳이 필요합니다

어찌 제주도가 그랬을까요. 마음가짐이 사람을 살리기도 하고 죽이기도 합니다. 서울에서 열심히 살아보려 했던 Y씨는 제주도에 와서도 열심이었습니다. 그러나 남편은 달랐습니다. 선택과 도피의 차이를 Y씨 부부에게서 봅니다.

도피도 선택인 것처럼 말하는 이들을 종종 봅니다. 도피한 이들이 무언가 선택했다면 그것은 안일일 것입니다. 어떤 선택이든 그에 대한 책임이 따릅니다. 하지만 그들은 환경이 바뀌어도 안일만을 선택하기에 바뀔 수 없는 것입니다.

Y씨는 남편을 눈물 없이 가슴으로 보내고 나서 제주도의 민간신앙에 흠뻑 빠져 있습니다. 말하고 들려주는 해설가가 아니라 듣고 배우는 사람으로서 그는 제주도의 신당 기행 프로그램에 적극 참여하고 있습니다. 제주도 설화의 주인공인 '설문대할망'의 키가 무려 50킬로미터에 달한다는 데에 우선 놀라고, 이렇게 놀라운 설화를 지니고 있는 제주도에 또 놀랍니다. 제주도 곳곳에서 볼 수 있는, 네모지게 무덤을 둘러싼 돌담인 '산담'이 한참 동안 발걸음을 멈추게 합니다. 돌로 쌓은 방사탑의 간결한 우아미에 빠져 절로 한 바퀴를 돌아봅니다. 제주도의 무속 이야기는 하도 곱씹어서 이제는 입에서 줄줄 나옵니다. 현존하는 3백여 개의 제주도 신당을 틈나는 대로 찾아보겠다는 게 Y씨의 포부입니다.

"살아생전 돼지고기를 싫어했던 사람에겐 굿할 때 돼지고기를 올리지 않는다고 하네요. 다른 고기나 음식도 마찬가지랍니다. 하지만 죽은 자가 싫어했든 좋아했든 상관없이 올리는 게 있는데, 그게 바로 술이랍니다."

술을 좋아한 남편 이야기를 꺼냅니다.

"아이들을 볼 때마다 내가 더 참았어야 했다며 후회를 많이 해요. 애들 아빠를 내가 너무 다그치기만 한 것 같아요."

그녀는 산담에 기대어 그제야 눈물을 흘립니다.

"작은 무덤이라도, 죽어서도 편히 쉴 남편 집 한 채 지어줬어야 했는데……."

한 줌의 가루로 분한 남편을 뿌리고 온 숲을 다시 찾아 굵은 소나무 주변에 네모지게 돌을 둘러 남편의 쉼터를 뒤늦게 마련했다고 합니다. 그리고 남편의 산담 안에 술잔 하나를 넣어뒀다고 합니다.

"제주도에서 일거리도 찾았지만 그보다 더 소중한 것을 제주도가 선물로 줬어요. 처음으로 남 앞에 나서서 무언가를 알려주려고 하니 내가 더 많이 배워야 했지요. 사십 평생 남이 알려주고 일러주는 것만 따라해왔지만 숲해설가를 하면서 그 위치가 바뀌었다고나 할까요?"

그녀는 삶의 소비자에서 생산자가 되었다며 자기 삶의 프로듀서가 되게 해준 제주도에 감사해하며 산다고 합니다. 숲속 소나무 옆 남편의 산담에 기대어 있으면 그곳이 세상에서 가장 편안한 쉼터가 된다고 합니다.

"내가 유일하게 비비댈 언덕이지요. 말이 많은 제주도라 말이 넘지 못하도록 무덤가에 돌을 쌓았다고 하지만, 어쩌면 이렇게 가족들이 와서 편히 기대다 가라고 만든 것이 아닐까 싶기도 해요."

종종 그곳에 찾아가 남편이 좋아하던 소주를 부어주고는 자기도 서너 잔 들이키고 온다는 그녀는 자리에서 일어나며 꼭 이렇게 말한답니다.

"이 시간 같이할 수 있다면 얼마나 좋겠니? 이 바보야!"

곶자왈, 그리고 희망의 노래

30여 년 전 아들을 잃고 방황하던 부부가 찾은 곳은 제주도였습니다. 슬픔을 잊고자 정처 없이 세상을 떠돌던 부부를 제주도가 그러안아줬습니다. 그저 우거진 숲으로만 알았던 곶자왈이 부부를 한껏 보듬어줬습니다. 버려진 땅같이 잡나무로 울창한 수풀에 들어와 있으면 왠지 마음이 안정되고 포근해졌습니다. 저절로 크게 숨을 쉬게 되는 곶자왈에서 부부는 아들을 잃은 가슴을 가라앉히고 마음을 가다듬은 뒤 미국으로 떠날 수 있었습니다.

서른 후반에 새로이 삶을 시작한 K씨는 신학대학원에 다니게 되었습니다. 목사가 된 K씨는 부부를 감싸준 제주도를 잊지 못하고 십여 년 만에 다시 찾았습니다. 돌아와 보니 삶을 포기한 부부를 안

제주도의 허파, 곶자왈

아주고 보듬어주던 곶자왈은 개발로 다 사라지고, 잘 다듬어진 인공의 공원으로 바뀌어 있었습니다. 전과 같진 않지만 그나마 곶자왈이 보전돼 있는 곳에서 목회를 시작했습니다. K목사 부부에게 제주도는 감사함과 은혜의 땅입니다. 그래서 K목사 부부는 제주도에서 목회가 아니라 보은의 삶을 살고 있다고 합니다.

"제주도에서 우리는 받기만 합니다."

화가이기도 한 K목사는 아마추어 바이올리니스트인 아내와 함께 2년에 한 번씩 교회에서 비엔날레를 개최합니다. 물론 교회 성도들이 중심이 된 미술 작품 전시회이자 음악 발표회입니다. 목사는 아이들에게 그림을 가르치고, 아내는 바이올린과 기타를 가르칩니다. 그 수준이 보통이 아닙니다. 30여 년 전과는 달리 무척 발전된 제주도를 보며 목사는 더 열악한 환경의 아이들을 떠올립니다. 그래서 티베트의 산골에 학교와 병원을 세우는 일에도 열심입니다. 목사의 작품과 비엔날레에 출품된 그림의 판매 수익을 그곳에 기부합니다. 제주도와 더불어 더 큰 세상에 희망을 나누는 실천의 삶을 살아가고 있습니다.

"제주도가 우리를 다시 숨 쉴 수 있게 해, 우리를 지금도 항상 새롭게 태어나게 합니다."

곶자왈은 인간의 손이 전혀 닿지 않은 원시림과 구별하여 2차림이나 잡목림으로 분류되나, 제주도의 곶자왈은 바위가 들쭉날쭉하고 함몰된 동굴이 많아 다양한 양치식물이 바위틈을 가득 메우고 있기에 제법 원시림다운 면모를 보입니다. 안타깝게도 제주도의 허파인 곶자왈은 골프장이나 목장 등의 개발로 많은 면적이 사라져가고 있습니다.제주도 사람들에 의해 버려진 땅으로 취급받아온 것도 사실입니다. 지금 이 시간에도 곶자왈은 경제적인 수익만 따져드는 개발 논리에 밀려 겉보기에 좋은 공원으로 변하고 있습니다.

사람들은 제주도의 진가를 잘 모르고 사는 듯합니다. 산소가 얼마나 중요한지 평소 잘 모르고 사는 것과 같다고나 할까요? 육지에서 건너온 사람들은 이런 이야기를 합니다.

"이렇게 개발된 제주도라면 굳이 여기까지 와서 살 이유가 없다."

다행히 제주도의 무분별한 개발을 반대하는 목소리도 높아지고 있습니다. 제주도를 떠났던 사람들도 제주도를 지키기 위해 다시 돌아오고 있다고 합니다. 제주도를 제주도답게 하기 위해서는 보호와 보전이 절대적으로 필요합니다. 자연이든 풍습이든 민간신앙이든 보호하고 보존하고 보전해야 제주도를 제주도답게 지키고 제주도의 가치를 높일 수 있습니다. 결국 그것이 경제적으로도 가장 부가가치가 높은 미래 투자일 것입니다. 그런데도 우리는 항상 눈앞의 것에 현혹돼 앞을 내다보지 못하는 근시안으로 살고 있습니다.

제주도민뿐만 아니라 제주도로 이주해 오고자 하는 잠재 제주도민 모두 이점을 명심해야 합니다. 제주도민이 될 필수 자격 요건이라 감히 주장합니다. 제주도에 산다는 것 자체가 최상의 자연의 수혜자로 대접받고 사는 것이기 때문입니다. 그러면 마땅히 그만한 보답을 자연에 해야 하지 않을까요?

제주도 토착민들에게는 육지 사람들에 대한 피해의식이 아직도 많이 남아 있습니다. 그런데 이대로라면 십수 년 후에는 토착민들의 입에서 이런 말이 나오게 되지 않을까요?

"육지것들이 드나들면서 제주도를 다 망쳐놨어!"

올레길이 서울의 명동길과 같은 저잣거리가 되어가는 현실을 보노라면 이것이 기우만은 아닐 겁니다. 남 탓할 게 아닙니다. 제주도는 제주도 사람이, 그리고 이주해온 사람이, 또한 이주해올 사람이 지켜야 합니다.

K목사의 말을 들어봅니다.

"여기 제주도에서도 할 일이 많을 텐데 왜 티베트냐는 질문을 받곤 합니다. 30여 년 전이었다면 당연히 제주도에서 그 비슷한 일을 해보려 했겠지요. 십수 년 만에 돌아와 보니 옛날과는 많이 달라져 있었습니다. 훨씬 살기 좋은 곳으로 변한 것이지요. 그래서 저희 부부는 이곳보다 어려운 곳을 생각하게 되었습니다. 그렇게 해서 티베트에 관심을 갖게 된 것이지요.

어떻게 보면 저희가 제주도에서 해야 할 일이 바뀐 것이기도 합니다. 바로 이곳 아이들이 온전하고 건강한 마음을 갖도록 하는 것입니다. 저희가 할 수 있는 일은 음악이나 미술 같은 문화 활동을 통해 이곳 아이들을 깨우쳐주는 것입니다. 이제 제주도는 정신의 발전과 변화가 절실한 곳이 되었습니다. 경제적 풍요를 이룬 한국의 문제이기도 하지요. 개발, 발전과 함께 건너온 풍요가 제주도 고유의 정신을 잠식해가는 것을 막고 싶습니다."

목사의 아내가 분위기가 너무 무겁다며 기타를 꺼내 옵니다. 교회 마당의 아름드리 느티나무 그늘 아래에서 희망의 노래를 합창합니다. '당신은 누구시길래 이렇게 내 마음 깊은 거기에 찾아와 어느 새 촛불 하나 이렇게 밝혀 놓으셨나요.'

"남편이 미국에서 신학 공부할 때 이 노래를 듣거나 부를 때면 늘 떠오르던 곳이 바로 제주도였어요. 우리에겐 제주도가 이 노래의 '당신'이지요. 제주도가 우리에게 사랑을 다시 줬으니까요."

제주도, 당신은 사랑

제주도의 허파, 곶자왈

곶자왈을 더 얘기하지 않을 수 없습니다. 제주도 홍보 책자를 보면 곶자왈은 제주도의 허파, 즉 제주도에 숨을 불어넣는 곳이라는 표현을 쉽게 찾아볼 수 있습니다. 그런데 그런 곶자왈을 제주도는 얼마나 보호하고 있는지요? 곶자왈을 파헤쳐 그곳에 대형 미술관을 만들고, 신화박물관과 영어마을 등에게 자리를 내주고 있지 않나요? 이는 제주도를 숨 쉬지 못하게 만드는 것과 같습니다. 오래전 살기 힘들었을 때 땔감을 구하고자 곶자왈을 훼손한 것은 생존이라는 엄한 현실 앞에서 불가피한 측면이 없지 않았으나 지금의 개발은 순전히 경제적 논리에 의한 자연 파괴일 따름입니다. 병에 걸리지도 않은 멀쩡한 사람의 허파를 도려내는 일, 바로 이것이 소위 개발이며 곶자왈 파괴입니다. 🚹

애삐리바당을 바라보며

서귀포 남쪽 끝자락에서 바다를 바라보고 있노라면 한국의 여느 섬과는 다른 소회를 갖게 됩니다. 저 바다를 무어라 불러야 할까? 생각해보면 딱히 떠오르는 명칭이 없습니다. 바로 앞바다를 제주도 말로 '애삐리바당'이라고 하던데('바당'은 바다의 제주도 사투리) 이건 너무 지엽적이고, '남해'는 보통 한반도 남쪽과 제주도 사이의 해안을 일컫는 말이라 적절치 못합니다.

제주도 남쪽 바다는 시야에 거치는 것 없이 대양을 향해 뻗어 있습니다. 그래서일까요? 섬이지만 결코 갇혀 있는 곳이 아니라는 생각이 듭니다. 섬이지만 큰 육지. 어릴 적 위인전에서 읽은, 프랑스 코르시카 섬에서 나폴레옹이 지중해를 바라보며 꿈을 키웠다는 이

178

애삐리바당을 거닐다

야기도 생각납니다. 위치로 보자면 코르시카 섬은 제주도와 유사합니다. 프랑스의 남쪽에 외떨어져 있는 코르시카 섬이 마치 한반도에서 떨어져 홀로 떠 있는 제주도와 같아 보입니다.

중국과 교역하고 사신이 왕래했던 신라나 일본에 제주도는 해상의 요충지였습니다. 그러나 아쉽게도 신라의 해상왕 장보고가 창건했다는 법화사 터만이 남아 있을 뿐입니다. 이마저도 최근에야 발굴되어 재건 중이라고 합니다. 법화사 근처엔 탐라국 왕자의 묘가 있습니다. 신라가 복속했다는 탐라국. 침략만 받아온 줄 알았던 우리나라도 침략해 빼앗은 나라가 있었다는 사실을 상기시켜줍니다.

조선 초에 쓰인 《고려사》에는 탐라국의 건국신화가 실려 있습니다. 단군신화가 그렇듯이 대개 건국신화는 시조가 하늘에서 땅으로 내려왔다는 이야기인데, 탐라국은 이것부터 다릅니다. 땅(삼성혈)에서 솟아난 장정 셋이 있었는데, 이들은 각자 고·양·부라는 성씨를 가졌습니다. 이들은 동쪽 바다에서 떠내려 온 옥함 속에 있던 벽랑국 공주 셋과 혼인하게 됩니다. 이들 벽랑공주가 도래했다고 전해지는 성산읍 온평리포구에서는 매년 탐라 건국신화를 재현하는 축제를 벌입니다. 또한 온평리포구 근처엔 고·양·부 3인과 벽랑공주가 합방했다는 혼인지가 있습니다.

중국의 한 역사서에 따르면, 중국(진과 한)의 침략을 피해 건너온 만주 지역의 피난민이 제주도에 처음으로 당도한 사람들이라고 합니다. 중국 발해만 쪽에서 배를 타고 제주도로 온 이들은 당시 한반도에 사는 육지인들보다 해상 관련 산업에 더 뛰어났을 것임을 어렵지 않게 추측해볼 수 있습니다. 또한 그들은 해상 교통의 요지인 제주도를 충분히 활용했을 것입니다. 배를 통한 외국과의 왕래로 탐라국은 한반도 본토보다 더 국제적인 무대가 되었을 것입니다. 한반도 근방에서 가장 국제화된 선진국가가 탐라국, 제주도였을 것이라는 얘기입니다.

하지만 안타깝게도 두 차례에 걸쳐 제주도의 역사는 한반도 지배 세력에게 말살되고 맙니다. 고려 시대 신라 중심의 비굴하고도 협소한 역사관을 가지고 중국에 사대하던 김부식에 의해 탐라국은 나라가 아닌 일개 섬으로 전락했습니다. 또한 조선 시대인 1702년에 제주목사로 부임해온 이형상은 유교를 숭상하는 중앙 정권의 뜻을 철저히 받들어 제주도 내의 신당을 불태워버리는 등 탐라 문화를 말살해버렸습니다. 그 후 제주도는 유배지로 취급받는 불운한 땅으로 변질되고 말았습니다. 제주도의 특성은 중앙 정권에 의해 오랫동안 말살돼왔다고 해도 과언이 아닙니다. 지금이라고 다르지 않습니다. 강정에 해군기지를 건설하려는 것도 마찬가

삼성혈

지입니다.

이러한 제주도의 역사를 돌아볼 때면 일본의 침략으로 무너진 나라, 유구국이 자연스레 떠오릅니다. 유구국은 현재 오키나와라고 불리는 곳입니다. 유구국의 독특한 문화는 지금도 일본을 대표하는 문화로 자리 잡고 있습니다. 그중 하나가 유도입니다. 유도는 유구국의 전통 무술인데, 이를 1882년 가노 지고로라는 교육자가 지금의 유도로 발전시켰습니다. 그리고 유구국의 전통 음악은 일본의 전통 음악에서 큰 몫을 차지하고 있다고 합니다. 일본은 유구라는 섬나라를 침략했지만 이들의 문화는 살려서 일본 문화에 흡수시켰습니다. 침략을 두둔하는 것은 결코 아닙니다. 오히려 지탄받아 마땅합니다. 하지만 같은 섬나라였던 제주도와 비교할 때 크기도 더 작고 육지에서도 더 멀리 떨어져 근대 문명과는 거리가 멀었을 유구국의 전통이 아직도 당당히 남아 있다는 사실에 부끄러움과 부러움을 동시에 느낍니다.

가치의 인정은 존중에 있다고 봅니다. 그리고 존중에 앞서 그 가치를 아는 안목이 있어야겠지요. 우리에게 가치를 볼 줄 아는 안목과 존중의 자세가 어느 정도나 있는지 남의 나라의 사례와 비교하며 묻게 됩니다. 제주도를 떠올리면서 말입니다.

이번 장에서 제가 하고 싶은 이야기를 한마디로 요약하면 바로

'가치를 아는 안목과 그 가치의 존중'입니다. 상대의 가치를 알아
보고 이해하려고 하고, 인정하며 존중하는 마음 자세를 갖고 제주
도에 오라는 말을 하기 위해 제주도 역사 이야기를 해보았습니다.
그래야 아름다운 제주도가 더 아름다워질 수 있고, 그래야 제주도
를 더 아끼게 될 것이기 때문입니다.

제주도는 어느 나라의 땅?

제주도의 많은 땅이 중국 등 외국 자본에 잠식되고 있다는 우려의 소리가 들려
옵니다. 지금처럼 외국의 투기 자본이 제주도에 계속 유입된다면 곧 제주도의
땅은 외국인의 손에 넘어가고 말 것입니다. 정치인들의 미시적이고도 단편적인
안목 탓에 제주도는 한국 땅이 아닌 외국 땅이 되어가고 있습니다. 이는 이미 우
려의 수준을 넘어섰습니다. 지금 모두가 당장 막아내지 않으면 안 됩니다. 주인
의 자리를 빼앗기기 전에 말입니다.

설문대할망과 살아 있는 신화

한라산 1,100고지에서 영실로 올라가는 길 오른편에는 사람의 형상을 닮은 기암이 여럿 보입니다. 제주도를 세웠다는, 키가 50킬로미터에 육박한다는 설문대할망에겐 5백 명의 자식이 있었습니다. 어느 날 이들이 한라산으로 돌아와 보니 팥죽이 끓여져 있었기에 모두들 달려들어 순식간에 해치워버렸습니다. 그런데 다 먹고 나서야 이 팥죽을 끓이다가 어머니 설문대할망이 팥죽 속에 빠져 죽었다는 사실을 알게 됩니다. 이에 5백 명의 자식들은 통곡하다가 바위로 굳었는데 그게 영실기암과 오백나한이라고 합니다.

　잠시 쉬면서 제주도의 재미있어 보이는 신화에 빠져들어 봅니다. 그리스로마 신화가 뭐 그럴듯해서 우리가 읽었던가요? 신화에

영실기암과 오백나한

서 엿보이는 인간의 상상력을 즐기고, 또 다른 세계에 대한 희망과 꿈을 키우기 위함이 아니던가요? 제주도엔 다른 곳에서는 보기 힘든 이색적인 신화가 많습니다. 일본인의 눈에도 그렇게 보였나 봅니다. 잠시 《우리가 알아야 할 세계 신화 101》에 담긴 일본 규슈대학교 마츠바라 다카토시 교수의 말을 들어봅시다.

인류 기원 신화라면 한반도 남쪽에 떠 있는 제주도의 삼성혈 신화를 잊어서는 안 될 것이다. 제주도에는 육지와는 다른 독자적인 타입의 신화가 전해지고 있기 때문이다. 이 신화에서 주목할 점은 세 씨족(고·양·부)의 시조가 대지의 구멍에서 출현했다는 것이다.

신화나 전설을 읽으면서 우리는 과거에만 천착하지 않습니다. 신화는 우리의 현실에선 무용한, 과거의 얼토당토않은 이야기가 아닙니다. 일본의 신화학자인 요시다 아츠히코 교수는 신화가 디지털 시대를 사는 우리에게 더 절실히 요구되는 이유를 같은 책에서 다음과 같이 설명합니다.

지금 우리 인간은 어머니 신인 대지와의 인연에 바탕을 둔 자연 만물과의 연대감을 다시 한 번 회복해야 할 긴급한 상황에 처해 있다. 신

화는 바로 지금 우리들에게 필요한 지혜가 끊임없이 샘솟는 발상의 보
고라 할 수 있다.

그런 면에서 제주도는 '우리들에게 필요한 지혜가 끊임없이 샘
솟는 발상의 보고'입니다. 무궁무진한 신화의 땅이 제주도이기 때
문입니다.

여기에 신화를 현실에 심고 가슴에 담고 사는 부부를 소개할까
합니다. P씨 부부도 제주도로 옮겨온 이주민입니다. 한적한 산기
슭에 터를 잡고 살고 있습니다. 자연 속에 묻혀 살고 싶었기 때문
입니다. 남편은 여러 악기를 다룰 줄 알았고, 아내는 그 음악에 흠
뻑 빠진 채 남의 시선을 의식하지 않아도 되는 삶을 1년여 가꿔왔
습니다. 7백 평 텃밭이 딸려 있는 집이라 텃밭에서 재배한 여러 채
소를 밥상에 올리며 진정한 자연의 삶을 누렸습니다. 자식이 없는
이들 부부는 그대로도 좋아 더 바랄 것이 없었지만, P씨 부부는 또
다른 삶을 꿈꿨습니다.

'이 땅에서 재배한 채소로 만든 반찬을 내놓는 식당을 차려보자.'

'내 재능을 우리만 즐기기엔 아깝다. 음악 학원을 차려보자.'

부부는 그렇게 합심하여 일주일에 나흘은 시내로 나가기로 했
습니다. 부인은 식당에, 남편은 음악 학원에 나흘을 할애하고, 나

머지 사흘은 전과 마찬가지로 산속 집에서 원초적인 삶을 지켜나가기로 약속했습니다. 순수한 마음이 통했는지 식당도 음악 학원도 찾는 사람이 많았습니다. 집으로 돌아오는 길은 어두워 어느 것 하나 보이지 않지만, 제주도의 지평선인 오름의 실루엣과 그 위에 떠오른 달과 별은 더 반짝였습니다. 몸은 피곤하지만 차를 멈추고 밤의 고요와 밤하늘의 조요에 잠깁니다. 태초의 우주를 만나는 시간입니다.

이들은 매일 축제를 벌이며 살고 있다고 합니다. 식당과 학원에서 벌어들인 수입은 한 고아원으로 보냅니다. 그래도 너무나 넉넉한 부부는 '우리는 지나치게 가진 게 많은 부자'라고 말합니다. 이들은 버렸다는 말을 결코 하지 않습니다. 그러나 옆에서 지켜본 제 입에선 절로 이 말이 나옵니다. '버렸기에 얻은 게 더 많은 사람들'. 제주도는 비움과 버림의 미학으로 더 아름다울 수 있는 지상의 천국입니다. 나도 그들과 같이 살 수 있다면……. 그들이 나의 신화가 됩니다. 살아 있는 신화.

변화무쌍한 한라산

제주도 사람들 사이에서 서로 조심해야 할 말이 있습니다. 자기 고장에서 보는 한라산이 최고라고 자랑하지 않는 것입니다. 아마도 실제로 이런 일로 종종 다툼이 있었던 모양입니다. 자기가 본 것만 최고고 자기 것만 옳다며 타인의 시선을 배척하면 진정한 자기 고장 사랑이 될 수 없고 싸움만 일으킬 뿐이라는 것을 제주도 사람들은 경험을 통해 잘 알고 있나 봅니다. 뒤집어보면, 자기 고장에서 보는 한라산이 최고라는 말은 한라산의 품격을 동네 뒷산 정도로 깎아내리는 일입니다.

가끔 머리를 식힐 겸 일주도로를 따라 달리는 시외버스를 타고 제주도 버스 마실을 다니곤 합니다. 해안가 일주도로를 돌며 보는 한라산은 제각각 그 모양이 다 다른데, 모두가 그 모양대로의 멋을 지니고 있습니다. 그래서인지 조선 말기에 제주도로 유배 온 최익현은 "한라산은 동쪽은 말을, 서쪽은 곡식을, 남쪽은 부처를, 북쪽은 사람의 형상을 하고 있다"라고 했습니다.

한라산은 육지의 산들과는 달리 그 외형이 지극히 단조로워 마치 하나의 언덕 같습니다. 하지만 그 안으로 들어가 보면 한라산이 얼마나 깊고 넓은지 놀라게 되고, 얼마나 다양한 숲과 바위들을 품고 있는지에 또다시 놀라게 됩니다. 게다가 시시각각 변하는 날씨 탓에 같은 산이 전혀 다른 모습으로 변화무쌍하게 변합니다. 경외감마저 들 정도입니다. 한라산에 자주 오르는 사람들이 똑같이 하는 말이 있습니다.

"한라산은 오를 때마다 매번 달라. 어느 곳이 가장 좋다고 말할 수 없어." 이래서 오르고 또 오른다고 합니다. 이들은 한라산에 발을 들이는 순간 조용해집니다. 압도적인 한라산 앞에 겸손해지고, 포용하는 한라산에 자기를 내려놓게 되기 때문이랍니다.

시외버스터미널이 있는 서귀포 중앙로터리(1호 광장)에서는 한라산의 자태가 훤히 드러나 보입니다. 한라산을 두 갈래로 벌렸다고 해서 붙여진 이름인 산벌른내를 바라보며 화가 K씨가 묻습니다.

변화무쌍한 한라산

"한라산 높이가 얼마지?"

저는 '내가 그것도 모르는 것 같아?' 하는 표정으로 대답도 하지 않습니다.

"저 앞산을 누가 처음 측정했을 것 같나?"

"고도측정기가 했겠지."

이렇게 성의 없이 대답하면서 일본인을 떠올립니다. 서귀포가 도시로 모양새를 갖추게 한 이들이 일본인이었기 때문입니다. 제주도 특산물을 공출해갈 양으로 일제강점기 때 작은 포구였던 서귀포를 지금의 도시로 키운 것입니다. 쌀을 일본으로 실어 나르기 위해 전북의 군산항을 개발했듯이.

한라산에 해박한 그가 정답을 들려줍니다. 1901년 독일《쾰른신문》의 기자였던 지그프리트 겐테가 외국인으로는 처음으로 한라산을 등정해 높이를 최초로 측정했다고 합니다. 한라산을 서양에 처음 소개한 사람도 겐테입니다. 그가 한라산의 사진을 찍고 높이를 측정하겠다고 하자 지금의 도지사 격인 제주목사는 극구 반대하며 만류했다고 합니다. 한라산 산신의 노여움을 사게 될 것이라는 게 그 이유였습니다. 다행히 제주목사를 설득하여 겐테 일행은 1,950미터라는 한라산의 높이를 측정하게 됩니다.

《독일인 겐테가 본 신선한 나라 조선, 1901》,
지그프리트 겐테 지음, 권영경 옮김, 도서출판 책과함께, 2007.

한참 뒤인 1995년에 제주의 한 신문사가 당시 겐테의 기사를 게재하였고, 주한 독일 대사관에서 겐테 기념비를 건립하고 싶다는 의견을 전해왔습니다. 그러나 지금도 그의 기념비는 세워지지 않고 있으며, 여전히 겐테가 한라산에 기여한 공적을 아는 이들도 거의 없습니다. 기념비가 세워지지 않은 이유는 한라산 신의 노여움 운운하던 백 년 전과 결코 다르지 않습니다. 오히려 더 한심하기 그지없습니다. 겐테가 그의 저작 《제주도 탐험과 동해 중국에서의 표류》에서 제주도를 미개한 사회라고 묘사했다며 문화재 전문위원들이 반대했기 때문입니다. 자기 고장에서 보는 한라산이 최고라고 우기는 것과 같은 유치한 아집을 다름 아닌 문화재 전문가라는 사람들이 부리고 있는 꼴입니다.

조선 시대 오현 중 한 사람인 김정金淨의 《제주풍토록》에는 "제주도엔 글을 아는 자가 드물며 인심이 거칠다"라는 구절이 나옵니다. 과연 이게 욕이며 비난일까요? 실상을 드러냄으로써, 타인의 눈에 드러난 실상을 깨달음으로써 오히려 깨우치고 발전할 수 있었던 것은 아닐까요? 그런데 다른 사람도 아닌 문화재 전문위원이란 자들이 눈 가리고 아웅 하는 식으로 입을 막고 귀를 틀어막습니다. 그런다고 감춰지나요? 아름다운 것만을 기록하는 것, 그것은 왜곡이고 거짓입니다.

한라산을 동서남북으로 돌며 화폭에 담아내는 작업을 하고 있는 K씨가 제주막걸리를 마시며 이야기합니다.

"우리나라는 숨기는 게 미덕처럼 돼버렸어. 드러내는 사람을 선의로 봐주질 않아. 그런 점에서 아직 우리나라는 후진국에서 벗어나지 못한 거지."

또한 무조건적인 긍정은 오만과 오류를 부추기는, 더 위험한 것이라고 우려합니다. 어느새 막걸리에 취한 K씨가 이럽니다.

"제주도 선인들의 지혜를 우리 한국인들 모두가 받아 살면 얼마나 좋겠는가? 우리 수출할까, 육지로?"

자기 고장에서 본 한라산이 최고라고 자랑하지 말라는 제주도 사람들의 지혜라면, 내 고장만 최고라는 지역감정도 깰 수 있지 않겠느냐는 말입니다. 백번 공감하며 잔을 부딪칩니다.

내가 본 한라산이 최고는 아닙니다

한라산에서 보내는 편지

아직도 제주도는 숨겨진 땅이라는 생각을 하게 됩니다. 높이로는 남한의 최고봉이라지만 처음 한라산을 본 사람들은 대부분 고개를 갸우뚱합니다. 최고봉 하면 우뚝 서 있는 봉우리를 떠올리기 마련인데 한라산은 완만한 능선이 마치 마을 뒷산 같아서이기도 합니다. 그래서 한라산을 자산慈山, 즉 자애로운 산이라고 합니다. 밖에서 보는 한라산은 산세가 부드럽습니다. 실제로 큰 산임에도 불구하고 맹수라 할 만한 짐승도 살지 않습니다. 또 한라산을 어머니 같은 산이라고도 합니다. 오름의 봉우리가 봉긋봉긋 솟아 있는 제주도의 형세가 여성을 닮았다고 보았기 때문입니다.

하지만 이것은 한라산의 외양만 보고 하는 말입니다. 그 안은 밖

구름 속 멀리 자애로운 한라산

에서 보는 것과는 다릅니다. 제주도는 한 번의 용암 분출로 형성된 섬이 아닙니다. 수십, 수백 차례, 그것도 같은 시기가 아니라 오랜 시간에 걸쳐 일어난 화산 활동이 만들어낸 곳이 지금의 제주도입니다. 돌을 보면 쉽게 알 수 있습니다. 바닷가 돌들의 색이 제각각이며, 들어보면 무게도 다 다릅니다. 모두 화산석이지만 화산 폭발의 시기가 다르기에 다양한 돌들이 생겨난 것입니다.

한 조사단은 용암단위를 46까지 세고는 포기했다고 합니다. 용암단위란 시차를 달리한 화산 분출로 생긴 용암인데, 마치 퇴적암처럼 한 곳의 바위에 여러 종류의 용암이 겹겹이 쌓여 있는 것을 제주도 해안과 한라산에서 볼 수 있습니다. 이 용암단위가 46개가 넘는다는 건 적어도 마흔여섯 번 이상의 용암 분출이 한 곳에서 이뤄졌다는 것이지요. 368개의 오름은 모두 모산 한라산의 기생화산으로 제각각의 화산 활동으로 인해 생겨난 작은 산들입니다. 이를 '오르다'의 명사형인 '오름'으로 부르고 있는 것입니다.

한라산은 다양한 지형을 품고 있습니다. 제주시 관음사 쪽의 탐라계곡은 설악산의 천불동계곡, 지리산의 칠선계곡과 함께 한국의 3대 계곡으로 유명한 곳입니다. 서귀포시 쪽의 산벌른내 계곡 역시 장관인데, 특히 폭우가 쏟아질 때면 계곡이 폭포로 변합니다. 서귀포 시내에서도 그 광경을 볼 수 있는데, 폭포를 이뤄 쏟아져 내려오는 계곡 물을 보노라면 한라산이 그저 자애롭게만 느껴지지는 않습니다. 이래서 제주도 사람들은 예부터 한라산을 경외하며 신적인 존재로 모시고 삶의 중심으로 삼아왔던 것입니다.

산을 좋아해 제주도에 정착하기 전에도 여러 차례 한라산에 올랐던 C씨는 한라산 산행은 단조롭고 지루하게만 여겼다고 합니다. 그러나 제주도로 이주해 온 이후 한라산을 더 자주 등정하면서 여행 때 거의 같은 코스로 오르던 산행과는 전혀 다른 느낌을 받고 한라산에 흠뻑 빠졌다고 합니다. 그는 '알면 더 잘 보인다'는 흔한 말로 그 느낌을 간단히 표현합니다. 제대로 알지 못하면서 우리는 섣불리 호불호를 얘기합니다.

C씨의 한라산 즐기기는 이렇습니다. 편한 산행을 위해 그리고 자연을 보호하기 위해 설치된 계단 등의 인공 설치물을 발로는 이용하되 눈과 귀, 가슴과 피부로는 자연만 받아들이는 방법입니다. 모든 것이 마음먹기에 달려 있다는 '일체유심조一切唯心造'를 산행에 적용하는 겁니다.

그가 즐기는 한라산 산행 코스는 성판악에서 올라 관음사계곡으로 내려오는, 남들도 흔히 다니는 길입니다. 그는 출발하면서부터 '자연으로 돌아가기'를 합니다. 자연으로 돌아가기란 편리를 위해 만들어진 계단도 자연의 일부라고 여기는 것입니다. 몰려온 관광

해변의 화산석

객과 맞부딪힐 때도 그 또한 자연의 일부라 생각합니다. 사람들이 산행에 방해가 되면 세찬 바람이나 길을 가로막은 바위라고 생각합니다. 인간 역시 자연의 하나로 보는 것입니다. 관광객들의 시끄러운 소음도 산에서 들려오는 소리라고 생각하고 듣습니다. 산이라 하여 어찌 아름다운 새소리만 들리겠냐는 것이지요.

이렇게 자연에 몰입하고 자연에 귀의하다 보면 한라산이 더 가깝게 느껴지고, 가만히 있는 듯한 한라산도 더 많은 것을 드러낸다고 합니다. "보이지 않던 게 보입니다. 들리지 않던 소리도 들립니다." 그의 배낭에는 항상 4B 연필과 스케치북 한 권이 들어 있습니다. 보이지 않던 게 보일 때 그는 가던 걸음을 멈추고 마음 가는 대로 스케치합니다. 때로는 글로도 스케치합니다.

자그마한 게스트하우스를 운영하고 있던 C씨는 어느 날 문득 '내가 왜 제주도에 왔지?' 스스로에게 묻게 되더랍니다. 그의 손엔 어제와 마찬가지로, 1년 전과 마찬가지로 손님이 버리고 간 쓰레기와 밤새 덮던 이불이 들려 있었습니다.

'이러려면 서울에서의 삶과 무엇이 다른가? 빡빡한 일정에 갇혀 사는 게 싫어 여기까지 왔건만 달라진 게 무엇인가?'

그의 아내는 2년 전에 자식들과 다시 서울로 떠나고 C씨 혼자만 남았습니다. 아내 역시 다를 바 없는 생활에 불평하며 그의 곁을 떠

산에 어찌 새소리만 들리겠습니까

났다고 합니다. 그 후 2년, 맑은 밤하늘을 바라보고 있는데 자신도 모르게 눈물이 흘렀습니다. 지친 일상 때문만은 아니었습니다. 인생 제2막을 운운하며 제주도로 내려오기로 한 결심, 그리고 자신의 결정을 무조건 밀어주고 따랐던 아내와 자식들을 떠올리며 C씨는 자신의 무능에 대한 자괴감에 눈물을 흘렀습니다.

4년 넘게 열심히 꾸려온 게스트하우스를 부동산에 내놓기로 마음을 굳히던 날, C씨는 한라산에 올라갔습니다. 좋아하던 산을 4년 만에 올랐습니다. 그는 산행 내내 울적했고 때로는 눈물도 흘려야 했습니다. 한라산 정상에서 남들은 환호를 지르며 기뻐할 때, 내려다보이는 백록담이 망각의 강, 레테로 보였습니다. 망각은 소멸이며 죽음입니다. 그리고 환생입니다. 그러나 그는 환생을 감히 짐작조차 못했습니다. 산을 내려가면 오로지 죽음만이 자신을 기다리고 있을 것 같아 슬픔에 잠겨 있을 때 물 마시던 노루 한 마리를 만났습니다. 노루의 두 눈과 마주쳤습니다. 노루는 시선을 피하지 않았습니다. 한동안 서로 바라보았습니다. 산을 내려오는 내내 노루의 시선이 잊히지 않았답니다. 집에 돌아오니 전화조차 없던 아내로부터 참으로 오랜만에 편지가 와 있었답니다. 발뒤꿈치를 들고 통통 걷는 모습이 노루와 닮았다는 아내의 편지입니다.

"풀잎은 쓰러져도 하늘을 보고

꽃 피기는 쉬워도 아름답긴 어려워라

시대의 새벽길 홀로 걷다가

사랑과 죽음의 자유를 만나

언 강 바람 속으로 무덤도 없이

세찬 눈보라 속으로 노래도 없이

꽃잎처럼 흘러 흘러 그대 잘 가라

그대 눈물 이제 곧 강물 되리니

그대 사랑 이제 곧 노래 되리니

산을 입에 물고 나는 눈물의 작은 새여

뒤돌아보지 말고 그대 잘 가라"

　　운동권이던 당신은 이 노래를 불러주면서 눈물이 강물일 수 있고 사랑이 노래일 수 있게 해주겠다며 내게 프로포즈를 했지요. 여직 눈물은 눈물이고 아직 사랑이 남아 있더라도 노래는 아닙니다. 당신과 어쩌면 끝이 될 수 있다는 결연한 마음으로 편지를 씁니다. 내가 제주도로 가면 다시 나를 받아주겠는지요? 받아준다면 당신도 내게 약조를 하나 해야 합니다. 일주일에 하루는 우리도 쉬는 날을 가져야 합니다. 이것만은 꼭 지켜주셔야 합니다.

그렇게 재회했지만 얼마 지나지 않아 아내는 간암 말기 판정을 받았습니다. 아내는 제주도로 돌아오지 않아야 했다며, 다시 서울로 돌아가겠다고 고집을 피웠습니다.

"당신에게 짐이 되고자 당신 곁을 그리워한 게 아닌데……. 이렇게 돼버렸네요."

아내는 쉬는 날이면 산을 좋아하는 남편을 꼭 한라산에 보냅니다.

"일주일에 하루는 쉬기로 했잖아요. 저 때문에 당신이 쉬지 못하면 전 여길 떠날 거예요."

그렇게 등 떠밀려 가게 된 한라산에서 그림을 그려 와 아내에게 보여줍니다.

"내가 오늘 산에서 처음으로 본 거야."

끝내 아내는 떠났어도 그는 매주 꼬박꼬박 한라산에 오릅니다. 아내를 만나고 옵니다. 이젠 볼 수 없고 만질 수 없는 사람이지만 아내와 동행합니다.

나는 행복한 사람

동선이 짧아서 그런지 제주도의 하루는 도시의 하루보다 깁니다. 24시간이 아니라 48시간 같을 때도 있습니다. 막힌 도로에 버리는 시간도 줄일 수 있기에 하루는 더 깁니다. 하지만 긴 시간도 효율적으로 꾸려가지 못하면 그저 지루하고 무료한 시간이 될 수 있습니다. 그래서일까요? 제주도에서는 부지런한 여자들과는 달리 술과 도박으로 시간을 탕진하는 남자들을 간혹 보게 됩니다. 똑같이 주어진 하루라는 시간이 누구에겐 12시간이 되고 누구에겐 48시간이 되기도 합니다. 어디에서나 마찬가지겠지만 특히 제주도에서의 시간 관리는 곧 자기 삶의 관리이기도 합니다.

스콧 니어링과 헬렌 니어링 부부는 하루 중 3분의 1은 자기 자신

하루가 누군가에겐 48시간이 되기도 합니다

을 위해, 3분의 1은 남을 위해, 그리고 나머지는 잠과 휴식의 시간으로 할애했다고 합니다. 이 말이 생생하게 기억납니다.

"우리가 오늘 절약한 것이, 내일 나 자신이나 다른 사람을 위해 쓰일 것이다."

니어링 부부 하면 자연적이고 조화로운 삶이 가장 먼저 떠오릅니다. 그런 삶이 말로는 쉬워 보여도 강한 신념과 철학 없이는 불가능할 것입니다. 《헬렌 니어링의 소박한 밥상》에 있는 헬렌 니어링의 말을 한 번 더 되새겨봅니다.

> 우리 인간은 특권을 누리는 동물이다. 우리는 소의 저녁 식사감이 되지도 않고, (…중략…) 우리 아기들이 도살장으로 끌려가 잘려서 누군가의 저녁 식사 재료로 쓰이는 꼴을 당하지도 않는다. 그런 만큼 우리는 지상의 모든 것에 연민을 갖고, 최대한 많은 것에 유익을 주고, 최소한 것에 해를 끼치도록 노력해야 한다.

미용실을 운영하는 30대 중반의 L씨의 삶은 혼자가 된 헬렌 니어링과 비슷한 면이 있습니다. 그녀는 매주 목요일과 일요일은 철저하게 노인들과 시간을 보냅니다. 이전에도 양로원을 방문하여 머리를 손질해주는 봉사 활동을 오래 해왔지만 직업으로 늘 해오던 일이라 정성이 떨어지고 성의가 없는 자신을 발견하게 되었습니다. 의례적인 일로 느꼈던 겁니다. 마침 공연으로 노인들을 즐겁게 해주는 대학생 노래패를 보고 부러워하고 있었는데, 이 마음을 엿보았는지 한 남학생이 클라리넷을 가르쳐주겠다고 하여 배우게 되었습니다. 3년이 지난 지금 노인들이 흥겨워할 정도로 클라리넷을 곧잘 연주할 수 있게 되었고, 봉사 연주단의 단원으로도 참여하고 있습니다. L씨는 연주만이 아니라 음식을 손수 마련하기도 합니다.

"혼자 사는 여자가 잘 챙겨 먹고 살았겠어요?"

연주를 통해 노인들과 소통하면서 오히려 자기 자신이 더 기뻤던 것처럼, 노인들에게 드릴 음식을 장만하면서 자신의 식사 습관도 변했다고 합니다.

20대 초반에 결혼했지만 아들을 낳고 얼마 되지 않아 거의 쫓겨나다시피 이혼을 당한 그녀는 꽤 긴 시간 동안 절망 속에서 보내야 했습니다. 억울하게 사기죄의 누명을 뒤집어쓰고 옥살이까지 하고 나온 그녀는 몇 차례나 자살을 시도하기도 했답니다. 보고 싶은 아들을 볼 수 없는 고통이 가장 견디기 힘들었다고 합니다.

도피처로 찾아온 곳이 제주도였습니다. 노래방 도우미를 하며 하루하루 근근이 살아가고 있었는데, 다니던 미용실의 원장이 아직 앞날이 창창하니 미용 기술을 배워보라고 권했습니다. 노래방

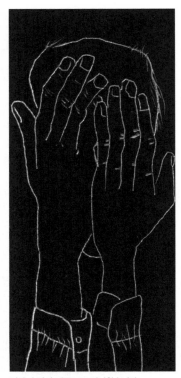

절망 속에서 제주도로 건너왔습니다

도우미 생활을 끊고 미용실에 들어가 머리 감기기부터 배워나갔습니다. 그러던 중 성실한 그녀에게 기회가 왔습니다. 원장이 광주로 이사를 가면서 미용실을 물려받게 된 것입니다. 고맙게도 원장이 돈 한 푼 없는 그녀에게 앞으로 벌어서 갚으라는 파격적 제안을 해왔고, 열심히 일해 이제는 빚도 다 갚았습니다.

L씨는 자신에게는 절대 찾아오지 않을 것 같았던 행운에 감사하고 또 감사해합니다. 그리고 그 고마움을 갚아가는 일이 앞으로의 자기 삶이라고 합니다. 7년간 방황한 시간이 있었기에 시간 관리도 누구보다 철저합니다. 오전 8시부터 오후 9시까지 꼬박 서서 혼자 미용실 일을 하기 때문에 무릎관절이 내려앉는 등 육체적으로는 무척 고되지만, 새벽 5시에 일어나 두 시간 동안 독서로 하루를 시작합니다. 예전의 그녀에게선 상상도 못 할 일입니다. 그녀 스스로도 기적이라고 말합니다. 그녀의 미용실에는 여느 미용실과는 달리 여성 잡지 대신 소설책이나 시집 등 다양한 책이 놓여 있습니다. 그녀가 다 읽은 책들을 미용실에 둔 것입니다.

"제게 책은 보고 싶은 아들을 잠시 잊게 해주는 약이에요. 아들을 더 보고 싶게도 해주고요. 책에서 만나는 사람들이 친구 하나 없는 제겐 모두 말동무랍니다."

그중 한 명이 허삼관이라고 합니다. 위화의 소설 《허삼관 매혈

싹이 트고 꽃이 핍니다

새들도 날아오고,
사람들도 다가옵니다.

꽃이 지고 나뭇잎도 떨어집니다.   기억을 담아, 추억을 품습니다.
새들도 떠나고, 사람은 외롭습니다.

기》를 읽고 자기보다 더 가여운 인생이 있음을 느꼈다며, 자기는 허삼관 같은 사람에 비하면 행복한 사람이라고 합니다. 미용실에 오는 학생들에겐 새 책을 사서 선물해주기도 합니다.

"머리 하러 오는 분들보다 어떤 때는 책 읽으러 오는 분들이 더 많을 때도 있어요."

미용실 한 곳엔 책상이 놓여 있어 마치 작은 도서관처럼 보입니다. 꿈이 생겼다고 자랑하는 그녀의 모습이 아름답습니다.

"돈을 좀 모으면 아들 이름으로 조그만 도서관 하나 세상에 남기고 싶어요. 갓난아기 때 보고는 한 번도 못 본 아들이지만……."

울적해질 법도 한데 그녀는 해맑게 웃습니다. 그녀는 매년 배 타고 육지로 넘어가 자기를 미용실로 이끌어준 원장에게 안부를 전하고 온다고 합니다.

"원장님은 저 보고 가장 행복한 사람이라고 하세요. 정말 그런 것 같아요."

그녀는 미용실에 〈나는 행복한 사람〉을 자주 틀어놓는다고 합니다. '그대를 생각해보면 나는 정말 행복한 사람. 이 세상에 그 누가 부러울까요.'

"이런 노래 자꾸 들으면 언젠가는 노래처럼 되지 않겠어요? 저 같은 사람도 이렇게 행복한데요 뭘!"

나는 이래서 제주도를 떠납니다

제주도를 떠나고자 할 때쯤 이 책을 쓰기 시작했습니다. 제주도를 떠나는 주제에 제주도에서의 새 삶을 기대하고 소망하는 사람들을 위한 책을 쓰다니 엄청난 모순이 아닐 수 없습니다. 어느 정치인마냥 궁색하고도 졸렬한 변명이 먼저 떠오릅니다.

'나 같은 불행한 제주도 이주민이 더 없길 바라는 마음에서…….'

이는 솔직할지 모르지만 정직하지 못한 말임에 분명합니다. 이 책을 다 쓰고 난 뒤 마지막으로 이 글을 추가하면서 저는 솔직하면서도 더 정직해지고 싶습니다.

제주도가 싫어져서가 절대 아닙니다. 더 좋은 다른 곳이 생겨서도 아닙니다. 살아보지 못한 다른 어떤 곳에 대한 동경이 저를 제주도에서 떠나게 했다고 해야 정확한 대답이 될 것입니다.

쉰 살이 되는 해에 평생을 살아온 서울을 벗어나 살아보기로 마음먹었습니다. 마흔셋 나이에 소위 기득권이라는 나태와 안일에서 벗어나고자 신문사를 떠난 뒤 제 삶에 자신감이 붙기 시작했고, 주어진 삶에서 새로운 삶으로의 변환을 모색해볼 수 있었습니다. 자신감과 삶의 변환은 저 자신의 선택과 실천에서 출발한다는 것을 이제 서서히 몸과 머리로 느끼며 삽니다.

구체적인 목표는 주거지를 3년씩 옮겨 살아보자는 것이었습니다. 그러나 이를 지키지 못해 1년 만에 사는 곳을 옮겨야 했습니다. 춘천에서 홍천으로, 그리고 대전으로. 하지만 제주도로 이사 간 후에는 거의 4년을 살았습니다. 제주도의 아름다움이 컸기 때문입니다.

제주도는 섬이면서도 섬이라는 고립감이 덜 들 만큼 문명적 환경을 잘 갖춘 곳입니다. 그러면서도 섬답게 환경이 아름다운 곳이 또 제주도입니다. 훤히 트인 하늘과 바다가 매일같이 가슴을 시원하게 틔워줬기 때문에 도시에서만 살아온 제게는 그 하늘과 바다가 바로 곁에 있다는 사실 하나만으로도 제주도가 충분히 만족스러웠습니다. 시야를 가로막는 장애물이 없는 하늘과 바다 그리고 초원을 하루에도 여러 번 마주하며 가슴 뭉클한 적도 수없이 많았습니다. 자기도 모르게 가슴에 차오르는 벅참과 뜨거움을 느껴보신 적이 있나요? 제주도에선 자주 그랬습니다. 제주도는 제게 기쁨의 눈물을 흘릴 기회도 주었습니다.

그런데 왜 떠났느냐고요? 제주도에 살기 시작한 지 1년쯤 되어 자전거를 타다 넘어져 크게 다친 이후로 의기소침해졌습니다. 항상 건강에 자신이 없이 살아온 제게 그 사고는 큰 충격이었습니다. 그런 가운데 펜촉이 일주일 만에 녹스는 것을 보게 되었습니다. 저는 글 쓸 때마다 펜촉에 잉크를 찍어 쓰는 구닥다리입니다. 그런데 펜촉이 일주일 만에 녹슬어 못 쓰게 되는 것을 보면서 과연 제주도가 나에게 맞을까 우려하게 되었습니다.

그리고 아무리 좋은 자연을 곁에 끼고 있더라도 생활은 다른 사람과의 관계에 의해서 좌우되기 마련입니다. 3년을 살던 집의 주인이 전세 계약을 일방적으로 파기하고 1년 앞서 집을 빼달라고 하면서도 미안하다는 말 한마디 없는 걸 보며 실망했습니다. 그 뒤 계속해서 제주도에서 살 곳을 알아보는데 올레길이 유행하자 집세가 천정부지로 솟았습니다. 그리고 그만큼 인심은 각박해졌습니다.

그 무렵 지리산과 가까운 남원에서 곧 헐릴 시골 빈집을 만나게 되었습니다. 고쳐 쓰겠다는 조건으로 시골집에서 살 기회를 얻게 돼 제주도를 떠나게 되었습니다. 제주도의 돌담집에서 살고 싶었던 것만큼이나 시골 토담집에서 무척이나 살아보고 싶었던 저이기에 기회를 놓칠 수 없었습니다. 더욱이 지은 지 70년이 넘은 이 시골 빈집을 고쳐가면서 제주도에서 느끼지 못한 옛 토담집의 운치와 시골의 인심을 물씬 느끼게 된 것도 제주도를 떠나게 한 이유 중 하나입니다. 하지만 이는 지역의 문제라기보다는 사람과의 인연으로 얻은 순전히 개인적인 행운입니다.

들어보니 제주도를 떠나온 이유라는 게 하나같이 궁색하고 개인적인 사정들 때문이지요? 다시 말하지만, 제주도는 평생 한 번쯤 살아볼 만한 좋은 곳임에 틀림없습니다. 본문에서 말씀드렸지만, 제주도에 무작정 오지 마세요. 무작정 서둘러 오지 않으면 제주도는 정말 살기 좋은 곳이 될 것입니다. 앎이 없는 사랑은 짝사랑으로 그치고 말 것입니다. 인도의 라즈니쉬가 그랬던가요? 사랑 전에 자각이 있어야 한다고요. 짝사랑엔 자각이 없지요.

이 책에는 여러분이 더 재미있고 의미 있게 제주도에서 살아가길 바라는 저의 진심을 담았습니다. 그러자니 부정의 말로 긍정할 수밖에 없었습니다. 비판은 가장 현명하고도 진정한 사랑이니까요. 부디 저처럼 즉흥적인 유혹이나 현혹에 빠져 제주도로의 이주를 결정하지 않길 바랍니다. 그러려면 절대 서둘러서는 안 됩니다. 충분히 시간을 가지고 알아보고 준비한다면 그만큼 더 제주도를 즐기며 살 수 있습니다.

아무쪼록 제주도의 문화와 자연을 진정 사랑하는 사람만이 제주도로 이주하시길 바라는 마음입니다. 제주도의 자연과 고유한 문화는 지켜져야 합니다. 4년여 살아보니 더욱 절실하고 절박합니다. 제주도의 자연은 공원으로 전락하고 있고, 제주도의 문화는 그 고유성을 상실한 채 도시화되고 있습니다. 제주도만이라도 그 본연의 자연과 문화가 지켜져야 합니다. 이것이 제가 제주도에서 얻고 배운 제주도 사랑입니다. 떠나려니 더 절실합니다. 떠나보니 더 절박합니다. 제주도를 이젠 구해내야 합니다. 그래서 떠나면서 이 글을 남깁니다.

저는 아들에게 십일조(?)를 받고 있습니다. 아들이 대입 시험 기간 중 대전에 있는 학원의 영어 강사로 알바를 한 적이 있는데 이때부터 십일조 수령이 시작됐습니다. "다른 부모들처럼 결혼할 때 집은 못해주지만 공부하겠다면 그 뒷바라지는 다하겠다."

이러면서 '대신' 토를 달았습니다. "네가 앞으로 버는 모든 수입의 10분의 1은 이 아빠에게 내놔야 한다."

거의 강제적으로 아들에게서 십일조를 받게 되었습니다. 해보니 좋고 흐뭇했습니다. 선뜻 내놓는 아들을 보며 가슴이 저렸습니다.

아들은 방학 때마다 틈틈이 알바해서 번 수입의 10분의 1을 꼬박꼬박 제게 바칩니다. 지금까지 약 166만 원이 모였습니다. 대학을 졸업하고 취직을 하면 알바 때와는 달리 아들의 수입도 늘고 나의 십일조 수입도 따라서 많아지겠지요.

저는 독자들께도 자녀에게 십일조를 받자고 감히 손을 내밀어봅니다. 그 십일조로 의미 있고 보람된 일, 참으로 소중한 일을 함께 해보자고 또 손을 내밀어봅니다.

자녀가 애써 번 돈을 받으려 하는 부모들은 덥석 받기 전에 자녀를 좀 더 제대로 가르치고 싶은 마음이 먼저 들 것입니다. 교육은 단지 자기 자신의 출세와 행복만을 위한 것은 아니기 때문입니다. 십일조 통장은 자녀 바르게 키우기와 바르게 키운 자녀를 당당하게 사회에 환원하는 일이 될 것입니다.

십일조 통장을 하나 장만해보시는 것은 어떨지요? 그리고 자녀의 땀이 어린 소중한 돈을 우리 함께 모아 '어린이를 위한 도서관'을 지어보는 것은 어떨까요?

우리의 아이들, 자손들은 우리보다는 한껏 웃고 맘껏 활개 칠 수 있는 세상에서 살게 하고 싶습니다. 독자 여러분의 손바닥 크기의 작은 십일조 통장으로 이 꿈(십일조 어린이도서관)을 이룰 수 있다는 기분 좋은 생각을 합니다. 어떠세요?

제안자 오동명
momsal2000@hanmail.net

인용문 출전

125쪽   고정국, 〈감시룡 오물조쟁이〉, 《지만 울단 장쿨래기》, 각, 2004.

189쪽~190쪽   요시다 아츠히코 외, 김수진 옮김, 《우리가 알아야 할 세계
　　　　신화 101》, 이손, 2002.

209쪽   정호승, 〈부치지 않은 편지〉, 《내가 사랑하는 사람》, 열림원, 2003.

214쪽   헬렌 니어링, 공경희 옮김, 《헬렌 니어링의 소박한 밥상》, 디자인
　　　　하우스, 2001.